U0303628

汉译世界学术名著丛书

发现乡土景观

〔美〕约翰·布林克霍夫·杰克逊 著

俞孔坚 陈义勇 莫琳 宋丽青 译

商务印书馆

2019年·北京

John Brinckerhoff Jackson
DISCOVERING THE VERNACULAR LANDSCAPE
Copyright © 1984 by Yale University
中文版经作者授权，根据耶鲁大学出版社 1984 年平装本译出

汉译世界学术名著丛书
出 版 说 明

　　我馆历来重视移译世界各国学术名著。从 20 世纪 50 年代起，更致力于翻译出版马克思主义诞生以前的古典学术著作，同时适当介绍当代具有定评的各派代表作品。我们确信只有用人类创造的全部知识财富来丰富自己的头脑，才能够建成现代化的社会主义社会。这些书籍所蕴藏的思想财富和学术价值，为学人所熟知，毋需赘述。这些译本过去以单行本印行，难见系统，汇编为丛书，才能相得益彰，蔚为大观，既便于研读查考，又利于文化积累。为此，我们从 1981 年着手分辑刊行，至 2013 年年底已先后分十四辑印行名著 600 种。现继续编印第十五辑。到 2015 年年底出版至 650 种。今后在积累单本著作的基础上仍将陆续以名著版印行。希望海内外读书界、著译界给我们批评、建议，帮助我们把这套丛书出得更好。

商务印书馆编辑部

2015 年 3 月

译序——回归乡土

乡土景观的形象是普通人的形象：艰苦、渴望、互让、互爱，它是美的景观。

——杰克逊（John Brinckerhoff Jackson，1901—1996）

《发现乡土景观》揭示了有关人类生活环境相互作用而留在大地上的印记：乡土景观。作者杰克逊认为乡土景观具有很多特点，机动性、暂时性、变化性，但最重要的，还是它的适应性：乡土景观是生活在土地上的人们无意识地、不自觉地、无休止地、耐心地适应环境和冲突的产物……适应多变而复杂的自然环境，协调由于环境适应方式不同而产生的具有文化差异的人群。

其中，乡土（vernacular）一词，来源于拉丁语"verna"，可以被理解为"本地的"，有别于"外地的"；或是"乡村的"，区别于"城市的"；抑或是"寻常的"，对应于"正统的"。乡土景观（vernacular landscape）一词，是当地人为了生活而采取的对自然过程、土地和土地上的空间格局的适应方式的表达，是此时此地人的生活方式在大地上的显现。乡土景观包含土地及土地上的城镇、聚落、民居、庙宇等在内的地域综合体，记载着乡土经验，反映了人与自然、人与人及人与神之间的关系。

对乡土景观的认识可以加深人们对幸福感的理解，这种幸福来源于对其所处的自然和社会文化环境的归属感和认同感。而归属和认同源于对自然环境的精细了解和对所处社会环境的深刻理解，归属和认同定义了个体和群体的身份和在浩瀚宇宙之中与茫茫大地上的定位，使漂泊的人们找到归宿，使不安的心灵终归安宁。

为此，我们需要探索认识乡土景观的方法。在《发现乡土景观》一书中，杰克逊建立了认识美国乡土景观的理论框架，并探讨了当代美国乡土景观的典型要素。全书共包含13篇文章，其中6篇选自业已发表的文章，7篇为新作，在该书中首次出版。看似独立的十多篇文章，都是围绕"当代美国的乡土景观"这一统一主题而作。多数文章着重于当代美国景观的某一要素，描写有质感、生动细腻，富有意味，尽量把寻常景观的真实过程一一呈现。新作中的3篇景观理论方面的文章，则是作者对景观研究的重要贡献，构成景观研究的理论框架：景观词义解读；两种理想景观；结语：三种景观。

在"景观词义解读"一篇中，作者认为景观本义是"土地的集合体"，而非风景，这一定义的深入溯源，为全书奠定了基调，将一个长期以来纠结不清的词汇，剖析到淋漓尽致。在"两种理想景观"部分，作者将景观划分为政治景观和栖居景观，进而讨论了景观的空间组织方式、政治景观的特点以及典型的政治景观。

在"结语：三种景观"一篇中，杰克逊继续探讨景观的定义，以一种全新的视角理解当代美国的乡土景观，建立了理解乡土景观的理论框架：三种景观原型。景观一指早期的中世纪景观，具有机动性和嬗变性的特点，在无意识、不自觉的情况下发生，无休止地、耐心地适应环境；景观二指贯穿文艺复兴时代的景观，它清晰地永恒地定义乡村或城市的空间，并通过城墙、树篱、开敞的绿带或草坪使边界可视化；景观三指当代美国的某些景观，继承了景观一的机动性、适应性、对短暂性的偏好，也有着景观二的稳定性、悠久的历史和既定的景观价值等特点。

中国大地上的景观，似乎也可用杰克逊的"三种景观"来理解：景观一，传统的乡土景观，包括乡土村落、民居、农田、菜园、风水林、道路、桥梁、庙宇，甚至墓园等，是普通人的景观，是千百年来农业文明"生存的艺术"的结晶，是广大草根文化的载体，安全、丰产且美丽，是广大社会草根的归属与认同基础，也是民族认同的根本性元素，是和谐社会的根基。景观二，政治景观，在古代的如京杭大运河、万里长城、遍布全国的道路邮驿系统、宏伟的古代都城、奢华的帝王陵墓、儒家文庙，当代的如城市景观大道、纪念性广场、行政中心和广场、展示型的文化中心、纪念性的体育中心、会议中心，甚至大学城，等等。这种景观贯穿整个封建社会，且一直延续至今。尽管各个时期有不同的风格，但它们都具有明显的可视性、尺度恢宏而呆板，服务于政治统治，彰显大一统民族的身份，但与普通人不甚相干，与草根文化和信仰格格不入。景观三，当代中国正出现许多传统景观中所没有的新的景观要素：社区公园、加油站、街头小吃摊、城中村繁华的街道、杂乱的农贸市场、并不整齐划一的都市菜园，等等。这些景观有本土的，也有外来的，但它们都符合普通人的需求，适应环境并不断变化，是孕育中的中国新乡土景观。

当今中国正处于城市化快速发展、社会变革剧烈的历史时期，伴随着如火如荼的社会主义新农村建设，中国古老的大地正发生着翻天覆地的变化。越来越多的传统的优美乡村在新农村建设的口号下，正遭受着"美化"和"重整"。当千篇一律的村镇布局和建筑模式通过政治和行政的手段布局于广大城市与乡村时，中华民族几千年来适应自然而形成的充满诗意的传统乡土景观（景观一）正逐渐消逝，化作历史。而泛滥成灾的新的政治景观却在中国大地上蔓延泛滥：景观大道、罗马柱廊、大广场、大草坪、行政中心，它们或继承了中国古代封建时代的大一统政治景观，或延续着西方巴洛克式的恢弘的帝国政治景观，既不能满足普通人的需求，又不能彰显中华民族的身份，了无生气，虽具有强烈的视觉冲击，有明确的边界和体型，尺度恢弘，却往往只服务于政治的需要，脱离了普通人的需求，无助于认同和归属感的产生；与此同时，形成过程中的新乡土景观，诸如街头的小吃摊点、社区中的菜园、热闹的城中村等，也往往在行政和政治的所谓"整治"和"清理"的名义下，不断地遭到打压而艰难地、畸形地生长着。

在此背景下，推介美国乡土景观研究的先驱作品，具有特殊重要的意义。中国社会有着广泛的草根性和乡土性。对美国乡土景观的理解，有助于唤醒国人对自己的乡土性和乡土景观的认识，也有助于化解当今中国所面临的人地关系的危机和社会矛盾，让我们每个公民在传统的乡土景观中，在新乡土景观的孕育

和体验中，找回对土地和社区的归属感和认同感，找到属于每个
人的幸福。

俞孔坚
北京大学建筑与景观设计学院

献给弗朗西斯·道格拉斯·亚当斯

目　　录

前　　言

　　本书中的短文都选自过去十年间我的演讲。有些已经在专业 ix 杂志上发表，但最初的形式都是演讲。这些演讲面向学生和其他对环境设计感兴趣的群体：建筑师、景观设计师、城市规划师。

　　为将它们归纳著书，我重读了这些文章，恍然发现文本形式的演讲稿常常不能令人满意。从某些角度来看，讲稿类似于短论文，从有限但个性的角度探讨单一的主题，因而往往内容独立，篇幅较短。然而，短论文通常也是一种艺术形式，倾向于强烈地展示生动的个性；相比较而言，演讲（至少在我看来）却只是一种手段，讲述或传达特定观点，仅此而已。诚然，那些激情的、能说会道的演讲者能使人兴奋，但毕竟非常少见。普通的演讲者致力于向观众阐明观点，而不是使其受到心灵的震撼。他们认为，观众希望获取信息，而非观赏演讲者。他们力求清晰表达自己的观点，让观众觉得通俗易懂。演讲的理想境界，形式上看是独白，但实质上是对话。因为哪怕听众表示沉默，这沉默，也是一种积极的评论。而在文本形式的演讲稿中，演讲者的声音留下了，但是观众的反响却丢失了。

　　在准备这本选集时，我发现许多重复难以避免。每一次演讲面向的观众，大都从未谋面，可能以后也不再相见；所以在每次演讲正式开始前，我大都以相同的方式介绍我的研究领域。更重要的是，这么多年来我的主题从未真正改变。我向来致力于让人们更加熟悉当代美国景观，让他们意识到它独特的复杂性和美感。我不住地提醒他们，就是他们日常接触的周边环境，不论城市或乡村，都包含着多样的建筑形式、空间和布局。它们毫不逊色于世界其他地方，不少情况下甚至只在美国独有。我曾反复强调，街道、住宅、田野和工作场所，这些当代景观中看似平凡的部分，可以教给我们许多知识。这些知识不仅涉及美国历史和美国社会，也包括我们自身，以及我们如何联系外部世界。我们确实需要学习如何观察世界。在这本选集中，有几篇文章是阐述这方面内容的。

我现在意识到，早些时候，我曾过分强调对景观的视觉体验，而忽视了一个更关键的过程。但这有其用处。不久前的一段时期，我们耳边充斥的对于景观的评论，都是环境主义者的强烈斥责，和尚古学究对于内战以来景观日益恶化的悼词。与这两个主要的保守集团进行公开论战是我们的一项职责，也是一种乐趣。并且，归功于这一系列的影响和发展，从那时候开始，我们对景观的态度变得更为辩证。我们的民族开始涌现出许多历史爱好者，如此热衷于历史保护以至于不能自拔：阿巴拉契亚地区的小木屋、火车站、艺术装饰品储藏库等，看起来所有这一切都值得平等的一丝不苟的保护。仿佛一夜之间，我们发现了至今为止仍被忽视的流行文化的精髓：杂技场、乡村集市、游乐园、贫民窟、带状空间。我们变得更富有社会责任感，担忧生态安全、环境污染、资源耗竭，呼吁保护自然。上述所有行动，使得我们把景观视为人类活动的特定环境，而不仅是一种现象、空间或空间集合。

在我看来，学术界已经认识到我们需要有官方认证的景观或环境教育的课程，这是美国人探索景观本身的最大进步。这些课程近来在全国成倍增长，且被证实广受欢迎。我对它们的具体内容知之甚少，但我希望它们不仅传递信息，而且丰富多彩、令人振奋。课上配有大量彩色的幻灯片，课下辅以偶尔的田野旅行。从与修过此类课程的学生的有限交流中，我了解到，这些课程促使他们利用假期到美国各地旅行，并且产生了我希望所有美国人都能具有的意识：深情且理智地爱国，培养熟练和严谨的洞察力，能辨别景观中什么是对的、什么是错的，从有价值的、值得保护的景观中，辨别出那些不当的需要改变的景观。

　　同时，对景观教育的认可产生了其他的更为深远的影响。它促进了某些领域的学术研究。至今为止，这些研究被大多数人忽略，只有文化地理学者深入钻研。我不确定景观研究的方法论是否也不可避免地需要参照其他学科。至少在理论上，我们强调原始资料。这意味着原始资料就是景观本身，对其研究需要发展一种严谨的观察物质世界的方法。但是实际情况恰恰相反，图书馆 xi 的藏书架变成了研究现场，间接的书本经验替代了直接的实践；而成果往往变成完美的历史报道。报道涉及那些古老的名人、遥远的事件、个别人的景观感知，这只能吸引其他历史学者的兴趣。只有极少的研究会粗略介绍景观本身的历史，探讨景观是如何形成的、如何改变的、被谁改变的；能提出关于美国景观本质的景观研究更为罕见。我毫不客气地说，在我看来，这些费力的工作，只不过是从空间尺度重新度量乡土历史罢了。如果学术界认为这也算重要贡献的话，那么在这一点上我将与学术界背道而驰。

　　我承认，我对当前美国人就中小规模城镇的历史保护热有偏见。我也承认，我有一种奇怪的观念，认为历史的价值在于它教给我们如何认识未来。但我十分确信，传统的景观史大都只涉及十八世纪或十九世纪景观中无限少的一部分。原因很简单，只有非常少的空间、非常少的建筑物的起源和历史记录在案。这些有规划方案、有地图、有法定文件及官方记载的建筑物，被仔细地研究和阐述。但是无限多的建筑物和空间没有任何档案记载。这就是为什么当前景观史总是局限于研究那些公共的文件记载的空间，比如国家公园、新英格兰殖民村庄、东南部的大草原和威廉斯堡、少数的公园、纪念物和战场、已经过修复的城镇和建筑，而毫不涉及剩余的其他景观。类似的情况也盛行于建筑史，并且基于同样的原因——缺少档案记录。也许有人会表示，资料的匮乏是个很合理的解释，但我倾向于持反对态度。我认为在现代考古技术帮助下，应用航空拍摄，最重要的，加入更多的想象、更细致的推理，我们将可以极大地丰富关于历史景观的知识。

与此同时，我们至少应该认识到，存在另外一种我们知之甚少的景观。那些备有档案的空间——大都是由正式的官方行为创造的政治性空间——一直被其他卑微的、不那么耐久、不那么抢眼的空间所包围，既有当代的，也有过去的。悉心编辑这些论文的一个意外收获，是那么多年后，我发现自己逐渐意识到那另外一种景观要素。而最初所关注的都是那些明确的、永久的、"有计划地创建的"村庄、城镇或景观，以及对其独特品质的傲慢、世故、乐观的认识。

然而渐渐地，在我的视角之外，我见到人们和空间的令人震惊的机动性，追求调整、追求改变；无休止地新建建筑、空间和社区，无休止地改造或重建景观。当上述现象再也无法忽视的时候，政治景观也开始抵制它们。这本选集的最后一篇文章——也是最晚完成的——试图重新定义我对景观的认识，包括了这些易变的要素，并且谨慎地提出建议：景观的稳定性和机动性作用力的平衡，将成为未来实现最理想景观的方式。但是提出建议并不是景观专业学生的任务。他们的任务应该是教育，教导人们如何通过观察获取知识。如果我本人能够学会分辨景观中的两种非常不同但是互补的要素，我将非常满足：一种是由法律或政治机构创建、维护、支配的景观，注定将永久存在且按计划演变；另一种是乡土景观，符合乡土习俗，积极地适应环境，具有不可预测的机动性。我现在所着手进行的，是尝试探索第二种景观中的一种要素：乡土住宅。尽管如此，我认为只有研究了乡土景观，我们才能真正领会景观的综合内涵，真正体会到景观之美。随着阅历的增长和对景观的长期探索，我更加确信，景观之美不仅仅是表象的，更在于它们的实质：景观之美源于人类文明。长久以来，我们都受制于传统的景观美的概念，认为景观之美在于其符合某种普遍的美学原则，或生物的和生态的规律；只有在正式的或规划的政治景观中，它们才能实现和体现。然而，我们看到的乡土景观的形象是普通的人的形象：艰苦、渴望、互让、互爱。只有体现这些品质的景观，才是真正的美的景观。

那些我所反对的革新者正在转移他们的视线，从人的生活转向自然。看起来他们似乎认为，人类的存在竟是为了观看植物的生长和星星的运动。苏格拉底却坚信，人类不得不学习的，是如何趋善避恶。——约翰·米尔顿（John Milton）[1]

---

[1]　本段选自塞缪尔·约翰逊（Samuel Johnson）的 "米尔顿的生命"（Life of Milton）一文。——译者注

景观词义解读

2 从空中俯瞰圣达菲（Santa Fe.）北部的格兰德河谷（位于美国和墨西哥之间），两侧的景观大相径庭。[摄影：劳拉·吉尔平（Laura Gilpin）]

我想知道，究竟为何我们难以在"景观"（landscape）的定 3
义上达成共识？这个词本身很简单，我们似乎都能理解，但对于
每一个人来说，其涵义又不尽相同。

我们需要的是一个全新的定义。目前多数词典中的定义都是
三百多年前的，为艺术家拟定的。它告诉我们，景观是放眼而顾
的地表部分。事实上，当这个词首次（或再次）被引入英语时，
它并非指风景本身，而是指风景画——艺术家对风景的诠释。艺
术家的任务便是提取他眼前的形式、色彩和空间——山脉、河
流、森林和田野等，并加以组织，从而完成艺术作品。

没有必要详细阐述"景观"词义的渐变过程。最早它指的是
风景画，之后代表风景本身。我们走进乡村，寻觅美景，心里
却时时不忘评论家和艺术家建立的景观美的标准。最终，在一个
适中的尺度上，我们着手修整土地，使它看起来如田园风光，形
成所谓的"花园"（garden）或者"公园"（park）。正如画家作画
时会凭借自己的判断做出取舍，风景园林师（十八世纪该行业的
称谓）费尽心机造出一种特定风格的"如画般的"景观。这种景
观舍弃了真实乡村中泥泞的小路、犁耕的田野和脏乱的村庄，而
纳入了一些宜人的自然风貌：小溪、树丛以及平坦广阔的草地。
最终形成的景观通常十分赏心悦目，但仍然只是图画，三维的
图画。

整个十九世纪，人们习惯性地过分依赖于艺术家的观点和他
们对景观美的定义。奥姆斯特德（Olmsted）和他的追随者用美
术的概念设计公园和花园。《大不列颠百科全书》（*Encyclopaedia
Britannica*）（第十三版）写道："尽管用园林素材进行的三维构

图不同于二维的风景绘画——花园或公园的设计方案包含了一系列构图组合——但在每一个画面中，我们可以发现相似的基本原则：统一、重复、序列以及平衡、协调和对比。"但是就在过去的半个世纪里，一场革命发生了：景观设计（landscape design）和风景绘画（landscape painting）分道扬镳。景观设计师（landscape architects）不再盯着普森①、萨尔瓦托尔·罗莎②或威廉·吉尔平③等画家以求获得灵感；他们甚至可以对这些画家的作品一无所知。生态学、自然保护、环境心理学方面的知识如今成为景观设计师知识背景的一部分，保护和管理自然环境的重要性超过了设计诗情画意的公园。我注意到，环境设计师在描述一处具体场地时，会有意回避使用"景观"一词，而更偏好于"土地"（land）、"地形"（terrain）、"环境"（environment）甚至"空间"（space）这些词汇。"景观"一词已被用于指代广袤乡村环境的美学特质。

画家也早已失去创作传统风景画的兴趣。肯尼斯·克拉克（Kenneth Clark）在他的著作《风景入画》（*Landscape into Painting*）中评述了这一事实。他写道："显微镜和望远镜已经大大拓展了我们的视野，那些我们能用肉眼观察到的舒适的、可感觉的自然，再也不能满足我们的想象力了。我们深知，通过我们新的度量标准，最宏大的风景也变得非常狭小，如同掘穴蚂蚁用来逃跑的蚁洞。"[1]

---

① Nicolas Poussin，十七世纪法国古典风格画家。——译者注
② Salvator Rosa，十七世纪意大利巴洛克风格画家。——译者注
③ William Gilpin，十八世纪英国艺术家。——译者注

　　用上述理由解释传统风景画的终结，并不能让我特别满意。我认为原因并不仅仅在于尺度的变化这一点。画家学会了用一种新的更加客观的方式看待环境：视环境为一种不同的体验。但这仍非重点。重点在于，曾经垄断"景观"一词的景观设计和风景绘画两大学科，已经不再像几十年前那样使用这个词了，而"景观"一词也回归到公众领域。

　　那么，与此同时，"景观"一词发生了什么变化呢？首先，我们现在可以更加自由地使用它了。我们不必再纠结于它的字面意思（关于字面意思稍后再谈），并且还组合出很多类似的词：roadscape、townscape、cityscape。好像"scape"这个音节意指空间似的，但实际上不是。我们会讨论荒野景观、月球景观，甚至海洋底部的景观。并且，"景观"一词还经常出现在评论性的文章里，作为一种比喻修辞。我们会发现，有所谓"诗人意象中的景观"、"梦境的景观"，或者所谓"对抗的景观"、"思想的景观"。"景观"一词甚至被用到了一些完全不同的语境，有所谓"北约峰会的政治景观"、"互惠互利的景观"。我们对这些用法的第一反应就是牵强和矫饰。然而它们提醒了一个重要的事实：我们总需要一个词语或短语来表现环境或者场景——让思想、行为、事件或者关系表达得更动人；需要一种背景让抽象的事物定位到真实世界中。在这种情况下，"景观"与"气候"（climate）、"氛围"（atmosphere）的比喻用法类似。事实上，在画家的语境中，"景观"一词常常指"画面中除了主体和情节外的其他部分"，就像战争场景下密布的乌云，或者总统画像中的国会大厦一隅。在十八世纪，"景观"一词表示剧院里的布景，用于暗示故事发生的地点或者时间。我在别处也指出过，若要表征历史上我们和环境的关系是如何改变的，再没有比舞台布景的角色变化更好的例子了。三百年前，高乃依（Corneille）在一个简单的场景内演绎一部五章节悲剧："故事发生在国王的宫殿里。"如果看

5 一眼现代剧作家的作品，我们可能发现接二连三的详细的场景描述，这种"景观"的极限形式，我推测应该是当代电影。在电影里，场景（set）所发挥的作用远不限于确定时间、地点以及剧情基调。通过光影变换、声音以及透视画面，场景实际上塑造了演员，指示了其身份个性，决定了剧情的发展。这是一个环境决定论的绝佳实例。

　　但是，这些舞台设备和剧院布景只是真实世界的模仿，目的是通俗易懂，便于在大众当中传播。我所反对的是隐喻化地使用"景观"一词而带来的谬误。无可否认，当我们的思想变得复杂和抽象时，我们需要一种象征物，使其实现一定程度的可视化。同样无可否认，当我们日渐不确定自身的地位时，我们需要从环境中得到越来越多的支持。但是，我们不应该用"景观"来描述我们的个人世界、私密空间。一个很简单的理由是，景观是一个有形的、三维的、共享的实在。

Land 和 Scape 两个音节

　　景观是地球表面的一部分空间。直觉告诉我们，它在一定程度上是永恒的空间，有着独特的地理或文化方面的特征，并且是由一群人共享的空间。当跳出词典对景观的释义，在现实世界中

检验这个词本身时，不难发现，我们的直觉是对的。

"景观"是一个合成词，它的组分可以回溯到古老的印欧语系的习语。印欧语系由几千年前来自亚洲的移民族群带来，并且成为现代欧洲几乎所有语言（拉丁语、凯尔特语、德语、斯拉夫语和希腊语）的始祖。公元五世纪，"景观"一词由盎格鲁人、撒克逊人、朱特人、丹麦人和其他日耳曼语系的群体传入不列颠。"景观"一词，除了有古英语中的"landskipe"、"landscaef"等变体外，还有德语中的"landschaft"、荷兰语中的"landscap"以及丹麦语和瑞典语中的对应词汇。这些词形式上同源，词义却并不总与英语中的涵义完全相同。例如，德语中的"landschaft"有时代表一个小的行政单元，大小相当于美国的议员选举区。我感觉到，与英国人比较，美国人对"景观"一词的用法表现出一些细微但是可以察觉的差异。美国人倾向于认为"景观"仅仅指自然风景；而在英国人看来，景观几乎总是包含着人文要素。

在拉丁语中，"景观"一词的对应词几乎都来自拉丁词"pagus"，后者意指一块界定的乡村区域。在法语中，"景观"一词事实上有几个对应词，每一个都不外乎这些词义：土地（terroir）、村庄（pays）、风景（paysage）、乡村（campagne）。在英语中，6这些区别曾出现在两种景观形式之间：树林（woodland）和田野（champion），后者来自法语champagne，意指一处乡间田野。

首先，我们考察第一个音节"land"，它曾经有多种涵义。它被引入英格兰时，表示土地、土壤或地表的一部分。但是一个较早的哥特式意义指"犁过的地"（plowed field）。《简氏德语大字典》① 指出，"land"最初指田野中每年轮作的一小块土地。我们可以想象，在中世纪，这个词最常用于界定地表的一部分。一个小农场可以被称作"land"；一大片国土，如英格兰和苏格兰，也可以称作"land"；任何一个边界可识别的区域都可以叫作"land"。不管地理学家、诗人和生态学家两千多年来如何重新定义它，"land"在美国法律中仍然坚持它最古老的定义，即"任何可认为是地表一部分的特定场地（definite site），并且由法律规定沿两个垂直方向延伸"。

也许正是因为这个定义，农民认为"land"不仅仅代表土壤和地形，而且也代表空间尺度，是更大区域中特定的一部分。在美国南部和英格兰，"land"是田地中细分的一小块，即被犁出来或是割草后整理出来的宽宽的一行；马拉的割草机广告曾标榜它"能让一块土地（land）有如此多英尺的宽度"。在约克郡，麦田收割机一次开过所能收割的宽度，相当于一单位"land"所指的宽度（大约六英尺）。一本英语方言字典写道："得益于这种收割机，一天下来，一位女士可以收割半英亩的地，而男士则可以收割一英亩。"格雷（Gray）在关于英国土地制度的书中提到一个典型的中世纪村庄：那里有两块大的开敞的田野（field），"由大约两千块长而窄的'land'或是'selion'（深耕地）组成，通常每一块占地四分之一英亩到一英亩不等"[2]。

这些用法使人感到很混乱。然而更混乱的是，直到今天，在苏格兰，"land"还表示一栋可分割成若干户住宅或公寓的

---

① *Grimm's Monumental German Dictionary*，简·雅各布编。——译者注

建筑。我承认，我发现这种特殊的用法很难破译，除了盖尔语（Gaelic）中的"lann"代表一处封闭的空间，听起来比较接近。最后，这有一个实例——如果算得上——"land"指大片空间中的一小部分和一个封闭空间：步兵团的士兵都很清楚，"land"代表两个步枪膛凹槽之间的间隔。

我无须再强调这一点了：就上述可以追溯到的词源看，"land"指一块有边界的空间，但边界不一定是以栅栏或是围墙的形式。这个词有大量引申涵义，其含糊程度简直可以与"landscape"相匹敌。在三个世纪以前的日常对话中，"land"通常用来表示一块不超过四分之一英亩大小的犁耕的土地；然后该词表示草原或树林中一片连续的村庄；最后用来表示整个英格兰，这是当时的英国人能够想象到的最大的一块土地。简而言之，这是一个具有多重意义的词，但是常常表示一片人们界定的空间，或者能够用法定条款定义的空间。 7

其次，我们考察第二个音节"scape"。它曾经表示相似物体的组合，类似"伙伴"（fellowship）或"成员"（membership）所表达的意思。除此之外，它本质上和"shape"（形状）同义。这个涵义在一个相近词"sheaf"（捆、扎）中表现得更为清晰，即一捆或一堆茎秆或树苗。古英语（或称盎格鲁-撒克逊语），似乎包含若干使用"scape"或是其近义词构成的合成词，用来表示环境的总体特征。这些词仿佛是人们开始意识到人造世界的复杂性时创造的。因此"housescape"一词就是指我们现在所说的"household"（家庭）；还有一个同一类型的词语"township"，现在仍然使用，它曾经表示农场及其建筑物的集合体。

按照上述解释，"landscape"应该是个很容易理解的词：土地的集合体。但是两个音节过去都有许多截然不同的意思，现在大都已被遗忘。这一点提醒我们，英语中那些熟悉的单音节词——house、town、land、field、home——虽然发音很简单，涵义却可能曾经不断变化。"scape"就是一个例子。一份公元十世纪的英语档案中提到了所谓"waterscape"的破坏，究竟指的是什么？逻辑上我们会认为这是一种与景观中的水体近义的对应词，也许是水池、小溪或瀑布类的景观小品，也许是奥姆斯特德的某位盎格鲁-撒克逊族先人的作品。但实际上，它的涵义完全不同。"waterscape"是一个由水管、下水道、沟渠组成的服务于居住区和工厂的水系统。

据此可以认识到两点。第一，我们中世纪的先辈们可能具有令人难以置信的语言能力。第二，"scape"可以表示组织或者系统。为什么不可以呢？如果"housescape"表示个人住宅的集合；如果"township"能逐渐演变为代表行政单元；那么"landscape"就可以顺理成章地被理解为类似一种组织，一个由乡村农场组成的系统。在众多证据面前，我们可以清楚地发现，一千多年以前，"景观"一词与风景或是风景的摹写没有丝毫关系。

我们回溯到"景观"一词的印欧语系之源，试图获得一些它的基本涵义。结果乍看上去有点令人失望。最初，除了仅仅用来表示小部分乡村环境以外，似乎没有任何迹象表明，"景观"与我们今天所认为的美学和情感意义相关。我们自认为景观有着丰富内涵，但这种内涵与千年之前表达一小簇耕地的涵义之间，已经很难找到些许的语源学联系了。

不过,"景观是土地上人造空间的集合"这个惯用说法对我们很重要。因为,即使它不算一个定义,至少也在概念的起源 8 上,给了我们很大的启示。它指出,景观不是环境中的某种自然要素,而是一种综合的空间,一个叠加在地表上的、人造的空间系统。其功能和演化不是遵循自然法则,而是服务于一个人类群体(community)——因为景观的共有性特征是由世世代代的所有观点一致认可。于是,景观成为一种特定的人造空间,用于加快或减慢自然过程。如伊利亚德(Eliade)所言,景观意味着人类承担起时间的角色,创造人类历史。

整体看来,有很多成功的景观塑造过程。许多(如果不能说绝大多数的话)人造的空间组织形式已经与自然环境如此地融合,以至于它们本身与环境已经难以区别、难以辨认。这一证据看似自相矛盾。很多我们熟悉的例子,通过改变地形而产生新景观,例如荷兰的围垦地、英国的沼泽开垦区、意大利波河谷地的大片土地的开拓。还有一些不太著名的人造景观,通过简单的空间重组生成。有人说,历史学家对历史的空间维度一无所知。这可以解释为什么我们对贯穿于十七世纪欧洲的大批量农业景观的形成这一重要史实知之甚少。

上述的许多景观和那些最伟大的花园、公园或者壮丽宏伟的城市综合体诞生在同一时期,这并非巧合。狭隘迂腐的学科分类曾误导我们说,那些叫作"市政工程"、"园艺"或者"景观设计"的学科之间并无共通之处。但是从历史上看,它们最卓越的成就在形式上却都是相同的。这两种职业可能会为不同的客户工作,但是他们都会按照人的需求组织空间。二者都会从艺术最真实的意义出发，完成他们的作品。在当今世界，正是通过认识到目标的相似性，我们最终得以给"景观"下一个新的定义：景观是一个由人创造或改造的空间的综合体，是人类存在的基础和背景。如果"背景"这个说法听起来过于谦逊，那么请不要忘记，在"景观"一词的现代用法中，景观不仅强调了我们的存在和个性，还揭示了我们的历史。

尝试详细说明这样一个新的定义，并非为了我自己。我的这一贡献在任何情况下都是次要的。因为我对这一主题的兴趣限定在，尝试发现这一类型的空间组织是如何与某种社会和宗教价值观产生共鸣的，尤其是在美国。这并非一种新的途径。长久以来，建筑和景观设计史学家一直致力于此；而且在当代景观和当代城市中，尚有很多重要的方面有待探索。这种方式的好处在于，它将我们对日常世界的视觉体验包括进来；让我自己能始终忠于那个古老但是异常持久的对"景观"的定义——放眼而顾的地表部分。

两种理想景观

10　诺沃克（Norwalk）的康涅狄格州际公路。（康涅狄格州公路部提供）

↖阿肯色州小石城（Little Rock，Arkansas）附近的核桃林和小型蔬
菜农场。（来自伦纳德摄影服务中心）

只要我们严肃认真地研究景观，便会很快发现一个令人深省 11 的事实：即使那些最简单、最无趣的景观，也常蕴含着我们无法解释的要素，以及不符合任何已知模式的奥秘。但最终我们也会发现，每一处景观，不管多么奇特，也都包含我们一眼就能辨识和理解的要素。我们可能会对城镇的布局和农民所种植的庄稼困惑不已，有些建筑类型也从未遇见，但诸如田地、篱笆和农舍等要素，都是易于识别的，它们的功能一目了然。

我们的研究就从这些寻常要素开始。那些独一无二的特征可以留待后话。寻常性是研究的出发点，它使我们确信：无论看起来如何奇特的景观，对我们来说都不是完全陌生的，并且与其他各种景观彼此相关。人类通过许多方式满足本性的需求，而无论在何种景观中，这些需求本质上都存在共性。

人类本性（human nature）实为一个敏感的论题，一些人认为人类本性子虚乌有；另一些人则毫不犹豫地接受关于人类行为共性的假说，因为它们是如此显而易见。其中之一便是，不论多么自食其力，任何人也不能孤立地生存须臾。"须臾"到底意味着多长时间，实在无从知晓，但我敢说，这是有待认识的关于人类本性的诸多议题之一。然而这种孤立肯定是有限度的，总有一刻，人会开始因独处而身心俱疲，渴望他人的存在和陪伴。深谙鸟兽虫鱼之群居性或社会性的动物行为学家和其他研究者告诉我们，鸟兽虫鱼会对同类的存在作出反应，并且会在独处过久之后变得失去活力。因此在这方面人类并非独一无二；但是人类的需求更多。仅有同类的存在还远远不够。我们需要持续的交流，需要交换想法，同样重要的是，需要异议——因为二者都能强化我们的身份认同。这就是为什么群居还不够，也是为什么我们的社会性本能一定要以某种形式，甚至某种可视的形式被明确后，我们才会满意。我们是亚里士多德所说的政治动物，拥有语言能力，能讨论有关善与恶、公平与歧视以及如何获得美好生活等问题。

事实的确如此。但人类的身份更为复杂，因为我们也是地球上的居民，与自然秩序相关联，甚至从某种意义上说，是其中一部分。这意味着我们不得不花费时间、心思和精力来为自己提供庇护所、食物、衣物及某种程度的安全感。如果我们想要生存下去，就必须适应自然。如果我们想成为地球上真正的居民，就一定要理解自然，与自然和谐相处。

12　　若认为与自然相处的经验孤立存在，我们实在是犯了一个浪漫的错误。当狩猎、耕种甚至采集植物时，我们其实正在与他人分享经验，并且受益于他人累积的经验。所以我们对身份特征的相互认同，也自有其社会涵义。在我们眼中，其他人既是地球上的居民，也是社会秩序的成员。自然性和社会性，这两重性身份迥异甚至有时相互矛盾，却相互作用产生了景观——那些被某个持久存在的人类群体改变的环境。当然，没有哪个人类群体会以营造景观为目的。他们着手于营造社区，而我们看到的景观只不过是人们工作、生活的副产品，时而相聚，时而分离，但总是呈现出相互依存的社会性。

关于人的两重身份一直有两种对立的观点，即何者更为重要，其争执亘古未消。我们清楚地知道，这种对立关系并不限于群体，而是见于我们每个人。谁也不是彻底的政治动物或者栖居动物，我们是难以捉摸的两者的混合物。我们享受着城市中紧凑的活力，同时又抱怨城市中没有足够的绿色空间，让我们与自然独处。住在亲近自然的乡间着实令人心旷神怡，但是我们希望那里能有更多的政治生活。

然而，没有哪种景观完全用于单一身份的培养。那些极富想象力的文学作品中总不乏对乌托邦的描写：在那里人人皆有公民意识，与自然和谐相处，就像是某个前技术时代应有的社会形态。但我们会意识到这一愿景对人类本性来说是不现实的，这样的景观永远无法实现；这也是为什么我们中很多人认为乌托邦的畅想毫无益处。

不过，我们也不能期望任何景观在这两方面达到完美和谐。其中之一总是更受偏爱，于是景观史研究饶有意趣的一方面就是探讨两者如何演替。这一过程在美国景观史中有着很好的体现，也正是因为想要理解这种历史，我才要历数一些所谓"政治景观"中极为简单且可见的要素。这种景观部分来自生活经验，部分来自设计，目的是满足人们在政治幌子之下的某些需要。我脑海中的政治景观要素包括：墙、边界、高速公路、纪念碑以及公共空间；这些要素在景观中扮演着特定的角色。它们的存在明确了秩序、安全与延续性，赋予市民一种可见的地位。它们时刻提醒着我们的权利与义务，以及我们的历史。

每个社会都会珍视诸如此类的要素；每一处景观，无论其如何复杂，也都或多或少包含一些。更不用说某些历史文化景观，涵盖了大量的上述要素。公元前五世纪的希腊是政治景观最知 13

名的范例。柏拉图与亚里士多德的著作，梭伦^①与克里斯托尼^②的立法，为我们提供了这种景观及其发轫的最早描述。共和国时期的罗马也有它的政治景观，十七世纪的法国同样如此；还有一个最为广泛、最为熟悉的例子就是十九世纪早期开始设计的美国景观。也有不少其他的例子，古代中国、古代日本都创造了令人惊奇的政治景观；当前的社会主义国家，毫无疑问，也正在创造更多的政治景观。另一方面，中世纪欧洲及许多伊斯兰国家的景观，似乎包含了相对较少的政治要素，以及在当代美国，我认为，它们不如一个半世纪之前那么显眼了。

然而，要弄清楚这个问题，我们必须更仔细地研究过去的政治景观。

边界

在任何景观中，最基本的政治要素就是边界。从政治的视角来看，政府管理中最重要的便是组建由负责任的公民构成的社区，形成一片界限分明的区域，包含小型的地产和大量的开放空间；这样，空间组织的第一步即是划定区域的边界，然后将其细分到个人。因此，边界是明确无误的、永恒不变的、不容侵犯的、必不可少的。

目前，我们共同认可的是，每种景观都是空间的组合。既然如此，那它也是边界的组合或边界的网络。但对此我们一定要谨

---

① Solon，古希腊政治家、议员。——译者注
② Cleisthenes，古希腊政治家。——译者注

慎，因为边界可以发挥多种多样的功能。在当代西方世界，人们假定边界是两处确定空间的接触点（或线），是一种调控与邻居接触、交流的方式，即使在帮助我们抵挡入侵或无礼冒犯时，边界的功能也是如此。我们假定——当然是从人类的视角——边界就像皮肤：它作为薄的表皮是身体一部分，而身体又是它所保护的部分。因此，我们假定边界与其围合的内容是高度对应的。这就可以解释为何我们煞费苦心地为每一种空间建立天然的或功能上的边界，以此准确地界定一个同质的单元。在地理术语上，我们尝试寻找一片森林或山脉，以划分一个地区或区域；或者定位一条区分不同语言、宗教、民族聚居区的界线。规划师和社会学家同样关心经济或社会方面的边界，于是我们会有报纸流通的边界，或者购物中心吸引力的边界。在任何情况下，我们总会尝试建立一种与其社会的或自然内容密切适应的边界；这一努力基于 14 一个信念：空间（或利用空间的方式）是物质实体的根本特征之一。我们说，一个国家，不只是一群人的简单聚集，还包括他们共同占有的空间，所以我们需要划定边界，以便让居民和他们的空间密切对应。

也许这是显而易见的，但是我们仍有理由相信，传统的政治景观对边界有着非常不同的定义：相对于界定区域并建立与外界的有效联系，它更倾向于隔离与保护其内部要素。它不太像皮肤，而更像是一种包装，一种封皮。

因此，政治景观中的边界往往与其内部的社会毫无联系，美国便是一个很好的实例。我们在十九世纪创立了许多州，它们实际上是些巨大的矩形空间，与地形、人口毫无关系。刚开始的时候，几千个定居者构成一片与某个欧洲王国一样大的疆域内的全部人口。

在政治狂热的年代，谁也不会对这种不协调提出抗议。重要的是建立版图，以便相应的政治机构开始行使职能，免于外界干扰。

无论是农场、村庄或是国家，政治景观中典型的人造空间可能都包含着一个贴近其中心的、隔离的、独立的建筑物，由缓冲区和醒目的边界所环绕；这种建筑物（或一组建筑）与外界的交通联系，则通过某些方式加以规范化——例如豪华的人口、气派的大门、专用的通道。正如我们所想，这类保护性的、隔离的边界在古希腊比比皆是。

古郎士[①] 在他的关于"古典城市"的著作《古代城邦》(*The Ancient City*)中，描述了农场的核心——圣火炉——是如何被缓冲区包围的。他写道："圣火必须被隔离——换言之，绝对地从其他事物中隔离出来……必须在一定距离之外建立围墙来围合圣火。"后来，当住所逐渐聚集到城镇及城市的时候，这种神圣的围合继续存在，只是形式转变为低墙、沟渠，甚至是一处仅仅几英尺宽的开敞空间。"在罗马，法律规定开敞空间的宽度是 2.5 英尺，常常用来间隔两栋房屋，这个间距被圣化为'上帝的围合'(god of the enclosure)。"[1]

即便是古典希腊的城邦，也拥有代表隔离与保护的边界，并在可能的时候阻断接触。诸如山体或水系等地形特征一般很少用

---

① Fustel de Coulanges，十九世纪法国作家。——译者注

作屏障，但是每一处领地或景观都应相互隔离已成为一种共识。
修西得底斯①记述了"雅典人控告麦加拉人，因为他们将耕作扩
张到边境上的圣地及开敞地"事件的原委；这一冒犯引发了伯罗
奔尼撒战争 ²。

从现代意义上说，古罗马长城（Limes）并非一种国际公认
的边界。它是一种长距离的、连续的、有一定宽度的防御工事 15
区，不代表两个军事势力间的分界，而仅仅代表罗马势力的可
及范围；它是对任何联系的拒绝。汤因比（Toynbee）评述道：
"这种名不副实的边境其实意义并不大，不过是两个冲突中的
社会力量达成某种短暂均衡时，偶发形成的未设计的地理界线
而已。"³

尽管形式发生了很大变化，早期美国景观也以几乎同样的态
度对待边界：用于隔绝和保护其内部的事物或人民。我认为，这
种手法最为悠久的表现方式便在重要建筑的布局中：独立的教
堂、独立的法庭、独立的学校或大学建筑。它们都是具有神性的
宏伟建筑群，都依赖于一道闭合的、排外的围栏或护墙、空旷空
间形成的缓冲区来赋予它们高贵而超然离群的气质。我们应当感
激这一手法，因为结果几乎总是巧妙绝伦。然而，这只是我们感
知景观组合的方式；一座由白色墙板或砖石构造的古典建筑，坐
落在嫩绿平坦的草坪中央，大树参天，超然于世俗之外——这在
我们眼里确实是一个和谐的单元。我不禁感到，这种布局与其周
围的开放空间看起来毫无关系。那些空间只是保护性的包装，而

---

① Thucydides，古希腊作家。——译者注

栅栏或围墙等也只是宣告最终自主权的法定符号。

我们已经超越这种保护性的、排他性的边界概念，转而偏爱那种经过精心勘测、登记，并在景观中明确标示的线性边界，它们一般被称为线性边界。在弗罗斯特（Frost）的那首家喻户晓的诗《修墙》（*Mending Wall*）中，描述了一位农夫坚持要修补和邻居的地产间的一堵墙，尽管两家谁也没养家畜。他一再说："好篱笆造出好邻家。"弗罗斯特评述道：

> "我觉得他是在黑暗中摸索，
> 这黑暗不仅是来自深林与树荫。
> 他不肯顺从他父亲传给他的格言。
> 他想到这句格言，便如此地喜欢，
> 于是再说一遍，'好篱笆造出好邻家'"。
> （参考梁实秋的翻译）

他在某种程度上是对的：边界可以稳固社会关系。它区分了居民与流浪汉、邻居与陌生人、陌生人与敌人。他赋予了场地永恒的人类特质，否则它们就是一片无组织的大地。那些略呈几何形的封闭空间是一种很好的空间组织方式，使无秩序和无形状的自然环境井然有序；在外来的流浪者看来，他们也希望自己归属其中。只有当我们生活在一个拥有修建良好、管理完善的栅栏、树篱或围墙的景观之中——无论是在新英格兰、欧洲或是墨西哥——我们才会意识到自己身处重视政治身份的景观之中，这里，每个人都关注自己拥有多少土地，律师们收入颇丰。

但是对于线性边界的依赖出现得相对较晚。直到十八世纪 16 末期，第一个线性的国界，才由法国首先划定并在地图上明确标示；几乎在同一时期，美国通过了《西北法令》(Northwest Ordinance)(1787)，从此我们开始在明确的线性边界内设计整体的景观。边界，尤其是被法律规定的边界，是很难消逝的；我们的国家方格网系统，这种几何学相对于地形学的胜利，将会伴随我们直到世界末日。但是，有迹象显示，我们越来越厌倦线性边界，至少越来越讨厌看到它们。从个人层面来看，我们开始觉得墙和栅栏是一件烦人的事情，在建造和维护上都需要高投入，占据很大的空间，并且远远不能达到保护私有财产的目的，反而会招引入侵和破坏。即使国家边界现在也变得更加灵活；当公众对边界或边疆的道德、美学、经济基础的意见发生分歧时，我们可以肯定，景观的政治涵义已经不那么重要了，我们已经开始从新的角度理解它。

所以，那些可视性强、精心维护的边界，不管是线性还是包含有不同宽度的缓冲区，都属于政治景观。这种景观由政治动物设计，服务于政治动物，当然，通常也服务于四足动物。

集会所服从于功能（集会广场及其功能）

当我们听到人们提起政治空间和它们的价值时，映入脑海的是一些熟悉的空间——露天广场、市场、集镇广场或是集会广场——我们与其他人聚集在一起共度时光的地方。很难找到一个没有这种场所的社区：充满活力、动感十足，人们买卖并吆喝、交谈且倾听、行走亦观赏，或者仅仅是休息。这样的空间有时是一个巨大而奢华的城市中心，有时仅仅是一块空地或是街道中一处开阔的空间。它们总是充满乐趣，并且直觉告诉我们，各种形式的公共空间是任何一个社区所必需的。

但这些公共空间的利用形式和使用者多种多样。它们在政治景观中扮演的角色，与其在当代美国景观中的角色截然不同。建筑史和城市史学家常喜欢把它们当作艺术品来分析——事实上它们中多数看起来也是如此——但它们的社会功能才是我们应首要关注的。在保罗·朱克（Paul Zucker）的《城镇与广场》（*Town and Square*）一书中将广场定义为这样一种空间："它使社区成为社区，而不仅仅是个体的集合……它是一个聚会的场所，使人得以在相互接触中变得愉悦，使人们可以避开无计划的交通，从快速穿越街道网络的压力中解脱出来。"

17　　　一个关于公共广场的独特的现代定义如是说：它是一处用于被动娱乐的空间，一种成年人的游乐场——这揭示出我们现在对于社区的定义有多么敷衍了事。朱克和许多其他人喜欢直接用群居性的术语来描述公共广场：它如何为一种异质的群体提供共享的空间体验，尽管这个群体迟早会分道扬镳；它是一种城市形态，聚集人群，并给予人们短暂的快乐与安适。这种益处不可低估。但是在政治景观中，公共广场的目的则完全不同。它假定广场的光顾者都已经意识到他们是社区中的一员，是一个有责任的公民，他们会不时地参与公共讨论，为社区的共同利益而努力。

的确，每一个传统的公共广场都曾服务于多种目的：集市、商业场所、非正式的社交和娱乐的空间、为盛大场合准备的华丽空间。雅典集市让人印象深刻的，绝不是它的建筑，而是混乱拥挤的商业区街道和不规则的开放空间，矗立在作坊、货摊和旅馆之间的神殿和圣坛、公共建筑和纪念物。然而，威彻利（R. E. Wycherley）提醒我们，对于保守的希腊人来说，"雅典集市是社会渣滓游荡的地方，是懒惰、粗野和绯闻的温床。"[4] 亚里士多德认为，雅典集市应当主要是一个讨论和交换理念的地方，他在《政治学》（*The Politics*）中这样描述了他理想中的公共广场：所有的商业活动，以及所有的商人和小贩，都应被驱逐到城市的另一个地方。"没有什么可以在这里［雅典集市］买卖，社会底层的成员绝不允许进入，除非他是被当局所传唤……真正的市场，即买卖发生的地方，选址应当独立，既要便于货物从港湾储运，又要便于全国人民到达。"[5]

亚里士多德的建议在那个时代被忽略了，但却似乎导致了西班牙殖民地城镇的某些特征的产生。这些城镇依据《印第安法典》（Laws of Indies）布局，农产品市场的选址在广场以外，广场上印第安人的行动也被严格控制。

对游客而言，最大的乐趣莫过于观察公共广场上的活动了，若能参与其中，更是妙不可言。没有什么比入夜后在墨西哥广场上演的游行更欢庆的了，乐队伴奏，妇女们绕广场顺时针方向转圈，男士们则按逆时针方向转圈。同样，还有什么会比穆斯林集市更丰富多彩的呢？难怪每个美国人都希望自己城市中出现更多这种场所。一位卓越的建筑师甚至这样说，广场是文明的基础，优秀广场的缺失乃是美国走向衰落的征兆。但也有人已经厌倦了对广场的狂热，并不认为它是所有城市问题的解决之道。罗伯

18　特·文丘里（Robert Venturi）认为，"建筑师已被一种意大利景
观中的要素迷惑了——广场……［它们］是在空间的基础上产生
的，而围合空间是最容易驾驭的一种。"[6]

我同意上述观点，但是我对当代美国广场的异议源于我对广
场拥护者的质疑。他们中的多数并未真正理解广场的内涵。他们
把广场当作一种环境、一个舞台；其实，一直以来广场都有着更
加重要的价值。它过去是，在许多地方现今仍然是，一种当地社
会秩序的表征，展现了市民之间、市民与当局之间的关系。广场
彰显个人在社区中的角色，让我们明确了自己在民族、宗教、政
治或消费导向的社群中的身份，广场的结构和功能就在于加强这
种身份认同。

这从一个方面解释了为什么要多角度理解城市开放空间，不
单单从美学或环境的角度，还要从历史的角度。这样，我们会发
现广场种类多样，每种都蕴含着与其外观不一致的意识形态和起
源。一些城市规划师与建筑师仍沉迷于文丘里所谴责的广场，还
在盛赞西南部的印第安村落那些巨大、开敞、畅通的广场空间，
称其为凝聚社区交流的完美核心。但事实却是，印第安人的广场
只不过是定期举行宗教仪式的场所，其焦点是一处叫作"世界中
心"（the World Navel）的圣坛，是与祖先进行精神交流的场所。
而直到最近，真正的日常社会交往还局限在周围房屋的平屋顶上。

每一处传统公共空间，无论它具有宗教、政治或民族的特
征，都包含一系列多样的符号、铭文、偶像、纪念碑物等，不是
作为一种艺术品，而是在提醒人们的市民身份和责任——并且习
惯于排斥外来者。古罗马集会广场里布满了这种提示物；尽管新

英格兰殖民地城镇对待公共艺术很有敌意，它也毫不例外地包含了许多强有力的符号。它们绝不会让人误解：教堂的尖顶和钟塔，贴满公告和政令的前门；鞭刑台、枷锁、墓地以及首批定居者在拓居仪式上栽种的树。所有这一切都在告诉那些来参加教堂仪式、市政会议或民兵训练的人，他们都是密切联系的宗教社区的一部分，他们肩负着责任。这种公共空间不是给人休闲或体验环境的；而是为了提升公民意识。

正如我们所料，政治景观中的理想公共广场有着鲜明的建筑学特质。它占据了中心城镇最显赫的位置，周围环绕着极富政治意义的建筑物：法庭、档案馆、财政厅、立法院，有时还会有军事机构和监狱。广场本身还装饰有当地的英雄和神明的雕像，以及重大历史事件的纪念碑。所有的重要仪式都在这里举行。这一 19 地带不仅有对边界的政治强调，还有明确的界线标记，以及自己的法令和官员。最后，正是在雅典集市或罗马集会广场这样的地方，历史变得清楚可见，演讲成为一种政治工具，雄辩成为一种政治行动。

这种用于公开辩论和公共活动的空间的起源是什么呢？让琼·皮埃尔·维尔南（Jean-Pierre Vernant）在他的历史心理学研究中，描绘了雅典集市的演变历程；最初，它是古希腊特殊的武士阶层定期集训列队的地方，他们排成圆形队列讨论共同关注的问题。战士们一个接一个站到圆形队列中央，自由表达想法。一个结束后，站回圆形队列中；另一个继续。于是这种圆形队列就成为一种自由演讲和辩论的形式。随着时间的推演，这种"集市"（agora，该词的本意是"集合"）逐渐变为所有有资格的公民聚会的地方；他们也辩论涉及公共利益的事务。维尔南评论道："人类群体创造了一种自我形象——在私人居所之中有一处讨论公众事务的中心，这一中心代表了所有的'公共事务'，例如代表了'全体公众'。在这个中心里，人人平等，不分贵贱……于是我们看到了一个平等社会的诞生，人与人之间的关系被视为相同的、对称的、可互换的……可以这样说，通过获许加入这种后来被称作集市的圆形空间，市民得以成为平等的、对称的、互惠的政治体系中的一部分。"[7]

维尔南进一步推测，这种平等性和可互换性的观点，可能最终激发了希波丹姆（Hippodamus）创造方格网状城市规划方案的灵感。这种城市内部是相同的、可互换的街区。

在十七世纪的法国，一种新的政治景观要素出现了，随后，公共广场变成了一种艺术品——一处能最大化地体现社会等级秩序的地方。后来在美国，这种景观又有了自己的版本——不那么精致（这毫无疑问），但遵从其古典原型。大革命之后的半个多世纪里，我们依旧钟爱这样的民族政治景观——个性的、交互的居住区，围绕着县城及其市政广场。我在别处曾讲过，这一传统在美国南部得以保存得比其他地方更悠久。古典的公共广场是演进的场所和民主的卫士，然而这已成为遥远的记忆了；就在不到七十五年前[①]，我们开始着手重塑记忆的场景——雕像、柱廊与喷泉——这就是众所周知的轰轰烈烈的城市美化运动。至今，在旧金山、丹佛、华盛顿以及其他城市，形形色色的市政中心仍可

---

① 本著原版于 1984 年出版，城市美化运动盛行于 1903—1909 年。——译者注

见证这一运动的产物。

我认为，我们终于意识到，人类已经遗忘了如何将传统公共空间用作一种有效的政治工具，而是关注广泛选择不同公共空间的可能性。威廉·怀特（William H. Whyte）对此颇有见地。在其近期发表的文章中，他阐述了这种空间在纽约的利用状况，并坦言，我们现在最需要的，是一种宜人的"环境"体验[8]。他指出，那些最受欢迎、人气最旺的广场及小公园都有许多共同点：有宜人的微环境，良好的可达性，有一些极具戏剧效果的小品，如一件雕塑或水景，并可以让人们舒适地坐下休息（这一点至关重要）。他总结道："最吸引人的……就是其他人。"可是所谓的"其他人"是什么意思？是亚里士多德所谓的可以与之交换"道德的或崇高的理念"的人吗？不是；在当代新城市空间中，"其他人"更多指代的是声音、色彩、动作以及转瞬即逝的表情。人已经变成了精心设计的环境中的一个活力要素，而所谓的社会性仅仅是我们想成为特定环境中的"一员"。

我情不自禁地感觉到，上述当代城市公园乃是过去神圣空间的最后残留；我们对其政治功能的拒绝，并非宣告了文明的结束，而是一个阶段的终止。结果比想象的要好得多，我们的景观从此为多样化的公共空间提供了无限的潜力。回顾过去的一个世纪，甚至半个世纪，我们会意识到大量的新型公共空间出现在城镇中，民众自发聚集在这里，不再受任何管制。即使从个人经历，我都能察觉到大学校园的角色发生了转变。就在半个世纪之前，它还是一处被精心保卫起来的学术园地，围栏环绕，沐浴在公众嫉羡和鄙夷交织的目光之下。而今，它在社会各阶层的文

20

化生活中都发挥着主导作用。在中学讲堂里，许多小的社团不仅相互接触交流想法，而且开会讨论。体育竞技场属于一个不同的阶层，但从某种意义上说，它是雅典集市或罗马集会广场的合法继承者，它也是人们表达地方归属感的地方，手舞足蹈，大声疾呼，一如古希腊公民。跳蚤市场和商业街都是新颖的公共空间，它们的出现出人意料。如果说这些空间的文化功能尚不明朗，也许有待进一步发展，那么毋庸置疑的是，目前它们备受欢迎。

我们所津津乐道的新型空间实在不胜枚举。所见之处皆是新的形式：度假区聚集的野营者，超市停车场里老爷车爱好者的周日聚会，室外表演，游行示威，集邮市场，家庭团聚，爱荷华州孩子们的野餐……所有这些都是公共的，所有这些都以丰富多彩的形式满足了人们的多样化需求，过去这些需求只能在单一的神圣空间里才能得到满足。

21　　与此同时，废弃的法庭被拆除，取而代之的是停车场；巨大的考尔德（Calder）移动的标志取代了内战将军的雕像；而城市中心区，作为城市更新的受害者，也有待恢复。古老的政治景观的遗迹正一处接一处地消失，同时我们尚未赋予正在形成的新型空间恰当的名字。

道路

我要引入一个新颖而华丽的景观术语 ——"道路学"（odology）。这个词源于希腊语"hodos"，后者意指道路或旅途。所以"道路学"便是关于道路（road）的科学或研究。

　　问题在于，道路是最贴切的措辞吗？这个词太平常了；说到关于道路的科学，是在暗示景观专业的学生应对工程师的工作、施工过程、平面布置、高效物流等问题感兴趣。另外，道路一词在英语中还是相对较新的词汇。直到莎士比亚时代，它才成为英语的一部分，起初的意思仅仅是指一次马背上的旅途。若要在演讲中启发人们的思考，这个词还是过于新颖，无论我们如何渲染，还是过于平淡乏味，难以塑造充满想象力的形象。最好能找到一个它的替代词，那样，我们就可以更清晰地给"道路学"一个综合的定义。

　　道（way）正是我们要找的词！古老而且深植于这门语言之中，它在长期演变中派生和引申出许多不同的涵义，以至于快失掉了它的本意——"路径"（path）。好在它并未彻底消失。道不仅表示路径，还表示方向，以及意向（intent）及方式（manner）等引申涵义，比如说我们"有个人之道"，我们"有行事之道"，我们遵循"某种生活之道"。短语"ways and means"① 暗指为达成某个结果而调配的资源。事实上，英语中的"hodos"的两个衍生词也提醒了我们这一点："exodus"意指离开某个地方，"method"（"hodos"隐藏在第二个音节中）意指完成任何事情所需的一套规范、系统的方式。简言之，道（a way），就是通过特定方式达到某种目标的途径；毫无疑问，这一公认的用法可以解释为何宗教信仰及宗教行为中频繁使用"道"一词。朝圣之道（The Sacred Way，包括许多其他变体）既是一种精神戒

---

　　① 常特指"美国众议院筹款委员会"，the Ways and Means Committee。——译者注

律的方法，也是引领人们进入圣地或神庙的道路（road）或路径（path）。在神话时代的希腊，符号之道和现实生活之道往往难以区分。筑路工作被看成是一项神圣的使命，因而由神父资助和主持。依据希腊人的信仰，众神亲自划定了道路的排布方式；作为阿波罗崇拜中心的德尔斐城，也从未被看作是阿波罗的住所，而是他历经的所有道（ways）的终点与目标。通往圣地之道是神圣的，在圣道上从未有任何人被侵犯。即使是圣道的边缘，也有某种神性，并被选用作殡葬地。伯萨尼斯 [①] 记录了公元二世纪的希腊旅行，他多次提到在城市及乡镇的路边见到的坟墓。

22

　　在那个时代，旅行更多依赖海洋而非陆地。希腊是一个多山的国家，沿海有许多小的港口，除了一条连接雅典与比雷埃夫斯港口的大道之外，绝大多数道路都是从山区通往附近中心城镇的崎岖小路，主要通过步行。圣坛或神庙所在的地方，往往也有市场或集市，通常还会有喷泉；所以道路或小径不仅仅以圣地为终点，也通达人们聚集的城镇。赫尔墨斯（Hermes）是古希腊道路与旅行之神，他身上的许多特征阐述了乡村道路的几种功能，即便最简陋的联系城镇的乡村小径或羊肠山路也不例外。作为众神的信使，赫尔墨斯是契约和协议的见证者，是将死者引到冥府的领路者，也是市场之神。他的雕像常见于乡村道路沿线，是边界的标志，他还是门庭和入口的守护者。他主持人们的集会，同时也是田园景观之神，是羊群和牧羊人的守护者；他常被描绘成肩背羔羊的形象。总而言之，他是诸神之中最友好的一位，他备

---

　　① Pausanians，古希腊旅行家和地理学家。——译者注

受赞誉，更多是因为其优雅而非蛮力，因为其社会性而非荣誉感。从如此多样的特征中得出结论并非易事，但可以把赫尔墨斯理解为两个世界间的联系人：生者的世界与死者的世界，乡村的世界与城市的世界，公共的世界与私密的世界等。也许我们可以说他是乡村道路之神——那些道路走向不定，但最终通往神庙或集市；这些向心的道路是农夫和牧民去往市场的道路，也是朝觐者、商人和小贩之类的徒步旅行者前往各自目的地的道路。赫尔墨斯、仲裁之神、契约和协议之神，将道路符号化为一种达到特定结果的方式。

　　若要推测政治景观中道路的本质，我们须区分两种道路系统：一种是尺度较小的孤立的向心道路系统，不断变化，在地图上很少标示，在物质世界的历史进程中作用甚微；另一种则是令人叹为观止的、广泛延伸的、亘久不变的离心道路系统，如联系古罗马及其他帝国的交通干道网。两种系统都服务于几乎相同的目的：强化和维系社会秩序，联系社区或国土的组成空间，使其紧密环绕在一处中央地带周围。但两者并不相同，不仅表现在尺度上，还表现在方向和意图上。我们对古罗马的交通体系的奇迹已耳熟能详，同样熟悉古波斯和前哥伦比亚时代的古印加的道路系统，在此不再赘述。传统的道路学，几乎只关注筑路工程技术 23 和经济功能，崇尚笔直、宽阔和长远，好大喜功，不计成本地修筑驿站和邮传，以此保证军令、政令、消息等得以顺畅地从罗马都城抵达遥远的高卢、西班牙及小亚细亚等地。我们常听闻，在这些干道上行进的速度之快，沿途的桥梁之壮美；我们也会发现这些路面铺装惊人的耐久力——两千年后的今天，它们仍在许多

地方继续服役！这着实令人惊叹；但道路学的确切涵义不仅限于
工程方面，它还暗示了几乎随处可见的两种并列的道路系统，一
种是当地的、向心的，另一种是跨区域或国家的、离心的；我们
必须明确二者的不同角色。我们需要比较它们，尤其是当前我们
对景观的政治特性饶有兴趣时。

　　总之，这种离心的国家干道系统有三个最显著的特征，它们
不仅在古罗马帝国很好辨认，在古波斯、前哥伦比亚时代的古
印加王国，甚至在十七世纪的法国和当代美国同样如此。首先是
尺度巨大；其次是无视乡土景观要素，彻底改造地形；最后是一
贯地强调军事与商业功能。"条条大路通罗马"，这当然只是一句
夸耀罗马作为最终目的地的俗语。但事实上，离心的干道系统
总是从首都出发，向外延伸并控制着边陲及重要的战略点，同时
扶助远洋贸易。从这点来看，应该说成"条条大路出罗马"，一
切都是用于延伸和巩固帝国的力量。第一条此类干道，亚壁古道
（the Appian Way），始建于公元前 312 年，源于一次领土扩张，
目的是深入控制南部。四个世纪之后，图拉真 ① 修筑了最后一条
大道，目的是稳固今罗马尼亚地区。

　　一块镶嵌在罗马都城广场上的黄金标志是所有干道的起点。
干道里程碑上精心雕刻着干道和赞助方的名字，以及距离那块黄
金标志的里程。在美国，我们继承了许多古典的传统；我们也认
为道路或干道——倘若这些都是联邦政府创建的话——应由政治
权利的中心出发，因为在华盛顿国会大厦的地面上同样也有类似

---

① 　Trajan，古罗马皇帝，公元 98—117 年在位。——译者注

的标志，只不过不是金质的；类似的标志在许多州议会大厦附近也能找到。

　　无论罗马干道延伸至多远，高贵的起源赋予它特殊的品质。仿佛是悬空在乡村环境中一样，它与乡村基底毫无关系。两点间直线最短，这种直线的布线方式也受到人们的偏爱。古罗马的测绘员与工程师们自信可以克服任何地形险阻，在相距甚远的两点之间直线铺路，逢山开山，逢水涉水，气势磅礴。意大利北部的一条大道绵延 163 英里，几乎没有一丝弯曲。整个系统中都盛行着同样宏大的尺度，同样厚重、持久的构筑物，同样的设施以及同样摄人心魄的帝国气势，让人安心又让人臣服。

　　罗马干道的修筑拒绝向地形妥协，并为了获得更笔直的线路而绕开村庄甚至城镇。三千年前的波斯帝国修筑的御道，为了免遭入侵军队的破坏，避开了所有的城镇中心，通过沿干道设置仓库来为军队提供武器和补给；尽管古罗马帝国的干道也对百姓开放，但当地的行人，无论步行还是骑马，都更偏好泥泞的土路，因为这些土路可以通向村落；另外，驿站和信差系统都只限于官方使用。古印加王国有一套自成体系的广阔而出色的干道体系：超过三千多英里长的精心修筑的道路和桥梁，横亘整个疆域。但当时没有车辆，路面未经铺装，并仅限军人、官员及徒步通信员使用，其他人一律禁止进入。

　　这些重要的干道主要服务于掌权者，维持日常事务和帝国秩序，这一观念在美国继续传承，直到十九世纪：现役军人、法官、行政官员及神职人员可以免费使用收费公路、桥梁及轮渡。

　　显而易见的是，当离心的国家干道的使用被限制，或这些道

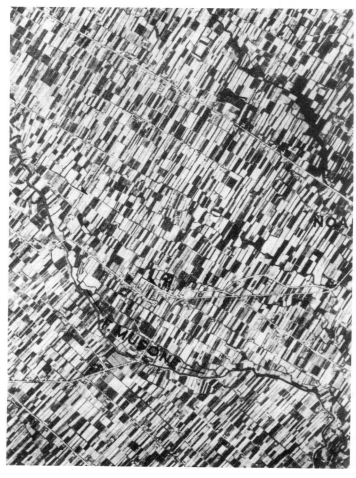

25　意大利北部航拍图，位于帕多瓦（Padua）和特雷维索（Treviso）
　　之间。作为两个地块系统的边界，穆索内河（Musone）从两个罗
　　马城镇中间流过，两边的方格网系统呈现不同的方向。现代道路
　　在穆索内河以南。（不列颠皇家保留版权）

路的位置并不方便时，当地的行人会转而使用另一种通往村庄的路，这种路多是乡间小路，当地人走出来的，与地形、土质高度适应，因时因地而变化。于是，逐渐演化出一种我们可称之为乡土路网的系统：灵活多变，未经规划，但毫无疑问是向心的；这一系统相对独立，无须维护，但它们是远途旅行者最大的困扰，对想派出军事武装或官方贸易团队的政府来说，也是一种桎梏。因此，这些乡土路网系统迟早会被并入和结合到国家交通网络中，而对与之相关联的小型社区来说，这种转接通常都会是莫大的不幸。

古罗马也许是第一个规划新型乡村道路系统的国家，结果形成了一种影响深远的人造政治景观，至今都还是许多现代规划的范式。经历了共和国及其后的帝国时期的扩张，罗马开始向新开拓的领土或无人区移民，并建立了小农场主的社区。通常的程序 26 是将公有土地划分为若干地块（centuriae），每个约一百二十英亩，即半英里见方。有些移民或安居工程规模不大，但正如约翰·布莱福特（John Bradford）在他的航空考古学研究中所言，"遍布于意大利北部的交通系统给人的最初和根本的印象便是，激励他们开拓建设的壮志，以及面对具体困难时的豪情与坚韧不拔。从此，在四通八达的方格路网中，骑马从都灵到的里雅斯德——横贯东西达三百英里的距离——成为现实。"[9]

我们所关心的是这个系统中道路的功能。每一个地块或矩形都被划分成二十五到一百英亩不等的农场，具体形制则要依据土质、地形和相关法令。地块以路为界，整个景观是一种笔直的方格路网系统，通常以灌溉沟渠、树篱、林地以及十字交叉路为界。

这些农场大多种植小麦、葡萄和不同种类的水果、蔬菜，并在附近的殖民城（Colonia）或新城中售卖；这种农场需要一种道路系统，既可以通往田地和果园，并将农产品运往市场，又构成永久性的大型灌区系统的框架。这些道路看似精心建造并按宽度和功能加以分类："iter"，用于步行，宽二英尺；"actus"，畜力车专用道，宽四英尺；"via"，车辆专用道，宽八英尺。景观的焦点是两条干道的交点——东西向（decumanus maximus）与南北向（cardo maximus）——这里通常会形成一座城镇。

在远古时期，这种地点的选择可是一件庄重的大事。"对于伊特拉斯坎人而言，［轴线体系］考虑了疆域界限和天堂的关系。天堂就像一个圆周，被两条轴线切分成四份。城市规划中的东西向干道和南北向干道乃是天堂模式在大地上的呈现。"[10] 德国的民间传说中，十字路口也同样被赋予了极其重要的宗教涵义，它是仲裁和惩戒的场所。及至古罗马人开始按照地块划分景观时，十字路口处的象征意义已经被抛之脑后，事实上，影响新城布局的范式，更多的是军事宿营而非天堂的意象。卡斯塔格洛里（Castagnoli）评述道："古罗马的城市规划师对天文观测并不感兴趣，他们之所以采用轴线对称原则，只是因为它很符合罗马人的口味……再者，轴线对称蕴涵了军事纪律和中央集权的理念，城市聚焦于一点，在此行政官可以发号施令。"[11]

于是，殖民城作为这些景观中的主要城镇，扮演着一个枯燥的角色：市场所在地、行政管理所在地和仲裁所在地——这些功能全部集中于方形广场上的那个重要交点。整个土地分配系统有两个特点值得我们注意，这两点区分了古罗马的景观和美国的景观，尽管二者之间相似处很多。首先，古罗马的景观聚焦于中心城镇，而美国的方格网系统体系从未考虑城市聚落用地；其次，古罗马的土地所有方式是基于传统的稳定的农业（或园艺）生产方式，其尺寸正好与一个家庭使用一轭公牛的能开垦的耕地量的上限相符；而美国的土地所有方式则恰好相反，只明确规定了一个人可持有的最少量，并与任何一种特定的农业形式均无关。于是，古罗马景观特属于某一类市民：小土地的所有者、农民、士兵（或退伍老兵）、纳税者，他们依附于自己那点土地，并依赖城镇中心的设施。古罗马的道路系统有助于其市民维系各自的身份。田块景观中的道路与农舍聚落系统内的道路不同，后者通向牧场、田野和那些相对独立、日常工作的地方；而前者从独立的农庄通向城镇中的市场、集会广场、宗教场所及纪念碑等，在那里进行政治生活。道路本身也经常成为社会活动的场所：路上的徒步旅行者，路边各种类型的圣地与纪念碑，形式多样的交叉路口，道路两侧鳞次栉比的房屋，浓密的树荫以及灌渠中的潺潺流水——一切都显得活力十足。

　　但是，政治景观中道路的重要性提醒了我们一个不易为人接受的事实：作为政治动物的人总会倾向于不受束缚，为了寻求更新鲜和刺激的地方尝试离开家庭和住所。一方面，作为土地上的栖居者，我们喜欢在某个地方扎根并"归属"那里，安土重迁；道路或干道成为一种威胁。而另一方面，我们身上的政治特性又怂恿我们外出，去寻找福地，努力工作，或传经布道。在城镇里，人们成为公民，与人相处，一出家门即成为市民的一员，街道便意味着公共生活。如果真如希腊人所相信的那样，诸神在人间徘徊时创造了第一条街道，那么，循着他们的脚步前行当是虔诚之举，用政治的口吻来说，最好的景观和最好的道路是通向光明的社会目标的路。但那已是道路学家研究的领域了。

神圣的与世俗的空间

在当代景观中，有些符号随处可见：边界、道路以及兼有两者的场所。我们善于阅读这些符号，亲手创造它们，甚至没有意识到，如果没有这些要素我们无法成为社会中的一员。我认为，"组织空间，分隔空间，组合空间"是普遍的需求和能力，是人类存在某种共同而恒久的天性的确凿证据。然而，每个时代、每个社会都会演绎出它独特的空间秩序。有的社会，在有合理的人类或政治分类来界定每一处自然或人工的空间之前，一直难以安定下来。例如，提及一条河，马上出现在脑海的是，它应进行航运或开发水能等。提及一座山，它应被用于防御、放牧或提供木材；提及开敞的乡村，它应被划分成农场、宅基地，并配置道路系统。

在政治景观中，自然环境已丧失其内在的特征，成为满足人类某种需求的媒介。空间也随之重组，以便每一个群体，每种活动都获得其特定的空间。亚里士多德说，在雅典集市里，老人与年轻人的锻炼场所各自分开：不是惧怕代际之间可能产生的摩擦，而是因为共用一处空间会让他们混为一体，难以区分。

不同空间组织的区别主要体现了对事物、职业及人群分类和分隔的原则。在有的社会中，不同的瓜果植物都被种到一起，尽管不同瓜果被限定给不同的消费者。还有的社会中，住宅就只包含一个单一的大房间。事实上，我们注意到，人类已经弱化某些传统的分隔了。大约一个世纪之前，引入"餐厅"作为独立的就餐场所的做法被盛誉为一次文明的巨大进步。而今我们常会在一个房间内烹饪、就餐、看电视。我们试图在城市中消除种族和阶级的藩篱；我们会将一处国家森林公园描绘成"一片多用途的土地"，可用于游憩、漫步、放牧以及野生动物保护。我们开始越来越远离旧的概念，并试图发现一种与"自然"空间的和谐关系，认识场地上的气候或地形特征。然而完全没有人类参与的空间组织是不可能的，因为某时某地，空间内容构成比空间本身更重要，空间本身只起着背景的作用。

在我们称之为景观尤其是乡土景观的空间模式中，最普遍、最基本的空间乃是供家庭生活和耕作的一小块土地。其他空间都只是修饰或延伸。在政治景观中，我们将其理解为原型的空间单元（minispace）。其前提假设（更多基于理论而非历史）是，一开始，每个家庭得到一块土地，能够自给自足，且不同地块在价值上大致相等。这种地块甚至沿用至今，被称为"场地"（lot）；这一用法总会让人想起那个通过抽签分配土地的年代。在我们看来，人们分得哪块土地完全是随机的，但曾几何时土地的分配是 29 神圣的，体现神的旨意。柏拉图说："土地是神……你可以选择或谢绝参与土地分配，而一旦你参与，那么你……必须承认土地如诸神一般神圣……任何买卖分得的土地或房屋的行为，都将依其罪行予以惩罚。"[12]

曾一度盛行的观念——土地永不能离弃，永远都是家庭财产不可分割的一部分——提醒着我们确实有（或曾经有）一种宗教景观，或者至少蕴含宗教意义的景观形式。古郎士在其著作《古代城邦》中，将以土地为基础的私有财产的存在及其重要意义归因于一种古老的殡葬习俗，死去的家人被埋在农场的田地中，从此土地变成了神圣的空间。但严格的古代景观理论忽略了这种说法，家庭尺度的小农场的持久存在得到了更多世俗化的解释。许多人都相信，这种小农场存在的必要性仅仅在于它生产食物并可以养活一个家庭。它的这种必要性出于经济学的视角。还有一种更深远的解释是，农民由于长期在户外工作，更容易成为一名优秀的战士，身强力壮，吃苦耐劳。第三种观点在政治家和哲学家那里较受欢迎，也许是基于观察所得，即从家庭尺度的小农场出来的男士不但身体素质达标，心理状态也同样适合服兵役，因为他们情绪稳定，有条不紊，远离政治，不易煽动，只要基本生活得到保障，就绝不反叛。

正是从亚里士多德那里，我们得出这种理想的看法，将小块土地所有者作为公民道德的典范。"当农民拥有适量的财产，务农成为主要活动时，他们将遵守法律规定努力工作；只要他们工作，就足以维持基本生活，因此他们就没有时间参与政治活动，他们会将法律作为行事准则，只参加必要的群众议会。"[13]他重申："务农者是最好的群众……因为没有充足的财富，他们终生劳作，很少参与集会；另一方面，常年在田间劳作又使得他们并不缺生活必需品。因此，他们也不会觊觎他人的财产……另外，在大选中拥有投票权，让那些有政治热情的人感到心满意足。"[14]

　　这种处于贵族和城市无产者之间的稳定生活方式，本质上反映出家庭道德的特征：维系一家人的生计，管理奴仆和劳力；自力更生、尊重传统、与邻为善。小型独立农场主的市民角色仅 30 仅体现在他们明智地有限地参与村庄事务；市民集会则与他们无关。他们服兵役，因为作为一个自由人和公民，他们有资格有义务拿起武器，保家卫国；这种法定权益与身体上的勇猛彪悍毫不相干。因此，之前认为农民因辛勤劳作而会是优秀战士的观点需要修正；现在，他们因品德而受到重视，这种品质使他们适合参加公共事务；他们应把繁重的工作留给奴隶，用闲暇时间提升自我。

　　于是，家庭就像一个小型国家，相对其存在的目的而言，不大也不小。它由清晰可见的墙或树阵环绕，离道路足够近，以便与整个社区联系，同时它又一直保持着明确的隔绝性。它是一处领地，有自己的家庭等级秩序，有自己的祖先，有自己在特定的时间特定的地点祭拜的神灵。一代又一代，他们强化了自己的行为准则和传统关系，同时也非常注重保持自己在外界眼中的荣耀崇高的形象。这种家庭单元的大小，至少在理论上，刚够占用身强力壮的父子二人以及一轭公牛；不过事实上，许多家庭单元要更大更奢华一些，其主人因而也是更有权力的政治人物。罗斯金①画过一幅精彩的油画，表达了他心目中的古典时期的景观。他指出，古典时期的景观遵从人的舒适性，注重行走的便利性、味觉及嗅觉感受，并且它们之间"非常相似"；他总结说，花园

---

　　① Ruskin，英国作家、艺术家、评论家。——译者注

乃是最完美的地方，

> "在那里，首要的原则是……秩序、对称和丰产；种植
> 垄上间隔种有葡萄、梨、苹果和无花果，依次开花结果，有
> 的葡萄还是酸的，有的则已熟透；有很多'排列整齐的芳草
> 园'——主要是韭葱，以及两处喷泉，一个贯穿整个花园，
> 另一个流过居所下，到达属于公众的水库……但我不得不指
> 出，这些景观缺乏如画的感受，更没有居所应有的自足、安
> 逸和实用。"

罗斯金随后指责"克洛德（Claude）及文艺复兴时期的风景
画家们充满了笨拙的、伪美的、伪古典的想法"。[15]

他在某一点上是很正确的，因为文艺复兴时期的风景画的确
几乎完全忽视了小农场。然而每一种社会在用政治方式组织空
间时，都会试图以各种方式去创造与维护那些产量不是太高的小
片私人地产。即使它们最终（如从前所上演的那样）被投机商
及大地主等蚕食鲸吞，或被向往城市生活的人们所抛弃，它们
的形象依旧在文学作品中鲜活生动。维吉尔（Virgil）和霍勒斯
31 （Horace）都书写过世袭农场的美好生活。西塞罗（Cicero）在
为残留的少量西西里农民辩护时说道："他们用一轭公牛来耕耘，
用自己的双手在农场上劳作。"而辛辛纳特斯（Cincinnatus）不
情愿地离开了自己的小农场以及简朴的生活，成为一位独裁者，
他无疑是古罗马的英雄，同时也是农民变公民的典型代表。即使
是维特鲁威（Vitruvius），这位处在大宗地产逐渐取代小型农场

时代的作家，也在口头上夸赞了乡村生活的简朴与独立。

约翰·亚当斯（John Adams）反复强调这样古典的谚语："维持社会公德唯一可能的办法就是使社会成员都能很容易地获得土地，即把土地分成小块，这样大多数人都可以拥有地产。"

之后，杰弗逊（Jefferson）及其合作者创造出一种忠于古典主义理论的政治景观：巨大的方格网体系，几乎遍布整个国家的矩形空间系统。尽管上述设计和地块的划分并非专门为了农民——杰弗逊称为上帝"储存美德与才智"的人们，却鼓励了他们的自发形成，伴随着中西部人口的增加，农村也开始繁荣；于是，美国大地上欣然展开一种以公民美德为宗旨的景观。一位关注农业的编辑在1841年宣称："农民是社会中最尊贵、最独立的人。自西西纳特斯的时代开始，古罗马农民就一直备受赞誉和尊重。"

但正如往常一样，文学或政治上的辞藻总是落后于时代。文学家仍在讴歌一种已经开始衰落的景观。民意已经开始弱化家庭农场之美德的重要性，并减少其政治意义。相反，小型独立的家庭农场被视为防止奴隶扩张的堡垒，或是城市穷人的出路，或为西部铁路线提供客源和货源。今天，人们之所以提倡它，是因为它代表了一种健康、廉价的生活方式；或因为它能产生一些劳动密集型的产品，这些产品若在大型商业农场中生产定无利可图；还因为小农场的景观优美，林木葱郁，是难得的宜人之地。因此我们在讨论家庭农场时，所使用的是社会的、经济的或生态的观点，而非政治的观点。批判小农场的工程师和农艺师认为，小农场规模太小，不足以支付昂贵的农业器械，效率不高：激进的政治理论指责其为资产阶级个人主义的反动据点，社会学家指出小农场整体上的贫困和无望，尤其是南部地区。甚至有环境主义者警告我们说，不能再将经营乡村的任务丢给小农场主了，他们只顾一味提高农作物产量，而不计长期的生态代价。

32　　也许，对待家庭农场的矛盾态度源于我们还在用传统的可视性和持久性的观点考察家庭农场——经久不变的尺寸，经久不变的家庭，经久不变的农作方式：它们构成景观中可靠的稳定的要素，总是易于识别。关于它的未来，没有别的展望吗？弗雷泽·哈特（Franser Hart）建议我们放弃一些成见，家庭农场不一定总是由农民所有，不一定必须是同质单元，也不一定只种同一种庄稼——那些都是古典的标准，而今不再适用了。

　　"家庭农场只不过是一种运营单元，父子两个劳动力足以支持家庭的基本生活水平，当然在一定人口周期中有时会额外雇工……尺寸和所有权都不是这个体系的限制……无论何种耕作体系，在上一代人那里还足够的土地在这一代则总会变得（或正在变得）不够了，操作单元的规模必须增加……租用土地的农民需要扩大经营，以免他们的家庭农场退化为面积太小的单元，通常，他们最终发现租赁土地并非坏事。"[16]

　　当然，柏拉图是不会赞成的。

可视性

在讨论政治景观时，我几次提到了"可视性"（visibility）的重要性。在我们的语境中，该词不仅仅表示某个物体能够被看到；而是指显而易见的、从环境中脱颖而出、一瞥即懂的某种形式；虽然从这种意义上看，并非景观中的所有物体都是"可视的"。对环境主义者而言，地形和植被具有可视性；对建筑专业的学生而言，建筑具有可视性；其他都只是背景，背景中的所有物体则融合为某种不可见的基底。

研究政治景观的学生会去寻找一种特别的可视性，以及那些可能从伯萨尼斯（Pausanias）的文章中学到的内容。我在前文中曾提及伯萨尼斯。他清晰地道出了在政治的（或者说古典主义的）观察者眼中什么是可见的，什么是可以被忽略的。在游历公元二世纪的希腊时，他一丝不苟地游览每一座城镇，仔细观察，而吸引他眼球的几乎无一例外的都是人造景观。他描述了路边的纪念碑和坟墓，环绕城市四周的城墙，通往集会广场和卫城的游行街道。他拜访过每一处圣坛、雕像、神庙和公共建筑，参观过每一处矗立着纪念碑的卫城，访问过每一处剧院、运动场和集会广场本身。

他之所以这样描绘，并不因为他是业余的艺术爱好者或尚古学究；而是因为只有这些景观对于他而言才是可见的。从伯萨尼斯那里得到的关于古希腊的景观印象是零碎的，在我们看来极不完整。他是如何看待城市布局，人们生活、工作、娱乐的场所，以及日常生活状态的呢？他又是如何描绘山脉、海岸等自然景观以及人口众多的乡村景观的呢？他花了那么多时间游历这些景观，但是在他的文章中毫无提及。在古籍中难觅踪迹的可视性景观，由一位现代历史地理学家简洁生动地描绘出来。

"公元五世纪的典型［希腊］城市里，依旧是零乱狭窄的蜿蜒小道，破旧的平房，以及其间多少有失协调的集会广场或市场，和耗资巨大的奢华公共建筑。它其实只不过是一个过度蔓延的村庄。即使在雅典也有贫民窟。狄凯阿克斯（Pseudo-Dicaearchus）写道：'城市干旱，供水不足。所谓的街道也不过是些寒碜的小巷而已，房子大多很脏乱，中间点缀几幢比较出彩的。'大多数房子只有一个房间，夯土为面，土砖为墙。在雅典，最旧最破的住宅就在离卫城最近的地方。"[17]

我们认为城市中重要的是社会或社会学的要素。我们对那些政治性要素——伯萨尼斯所指出的那些表征社区永久性和公共性的空间和构筑物，即社区的政治性符号——已经视而不见了。他为我们描绘了一种强化的景观，它包含许多分隔的、多少有些独立的"亘久不变"的形式和空间——它们更多的是强化某种状态而不是服务于某种功能。

斯宾格勒（Spengler）在讨论古典的（或政治的）空间时评述道：

"古典主义雕像的壮丽形象——从结构到极富表现力的表面，及其厚重的灵魂——淋漓尽致地表达出古典主义者眼中的现实世界。古典主义的世界、宇宙或者说一切秩序井然的可见物的集合体，最终都反映在有形的天国穹顶上……国家是一个由市民组成的集合体，法律只负责有形的人和物。直觉则在古典主义神庙中的石像里得到最终且最高贵的表达。"[18]

早期美国或者十七世纪法国的政治景观，总体上并未过分狂热于建筑形式。但那种孤立的、盛气凌人的公共建筑或纪念碑在两个国家都很受欢迎，且在空间设计和使用上都类似于古典主义原型。二者似乎向人们宣示：除了我们的方格网景观中清一色的矩形空间和方格网城市以外，没有什么能更好地表达平等主义的政治理念。正是在这种古典的政治空间结构中，边界才显得格外重要。如前所述，边界的政治功能并非定义一种同质性区域，而是保护其围合的空间。需要再次强调的是，政治性的（区别于社会性的或地形学的）边界不是紧贴的表皮，而是宽松的封套，它赋予神庙、城市及国家以可视、有形的特征。威彻利（Wycherley）将环绕古希腊社区的城墙描述为"松散地绕城一周；它不是限定其他部分的框架，通常也不是决定城市规划的主要因素"。[19]事实上，这些城墙有时延伸太远，以至于形成人口不足、土地过剩的局面。简而言之，它们是城市恒久性及神圣性的可视化标志。柏拉图非常赞同这一点，以至于在《法律篇》（*The Laws*）中提议，在他的乌托邦城中，所有的住宅都应是城墙的一部分。"如果人们要建城墙，私人住宅应从墙基开始建造，那么整个城市形态实际上就是一面墙……如一面墙一般的城市是美丽的。"[20]

毫无疑问；在政治景观中，城墙是一种永久的可视性要素，而不是一堆私有的、临时的、善变的住宅的随意组合。

关于边界的古老意义，还有最后一点需要强调。古罗马的"区域"，即古代的城市行政管理分区，"在古希腊和古罗马时代乃至中世纪流行依周长确定区域，而非当今惯常的按面积划分区域"。[21] 换言之，他们利用了边界这一可视的特征。

显而易见，过去这几百年来，美国景观中政治化的空间组织被逐渐破坏，而转向经济的或生态的组织。同样明显的是，我们剥离空间的神圣性，动摇空间的稳定性，并将其从二维的限制中解放出来。只要看一眼身边，就会明白变化之巨大。我尤其关注当代的环境设计师，他们格外关注空间的变革，备受激励，却尚不确定该如何表达。对他们中的许多人而言（主要从他们的观点和文章而不是从他们的实际行动来判断），传统的可视的空间仿佛正被一种无边无际的、无休止而又不可见的巨空间所吞噬，以至于他们所全部关注的，不是空间本身，而是我们如何对其做出反应：如何理解它，如何在其中行动，如何传播观点；以及空间模拟模型、空间符号、空间与现象学。这些推测终将开花结果。但它们目前尚不能帮助那些仍在寻求景观变化的可视证据的非专业人士，尚不足以作为我们所有人的工作基础。这就是研究其他社会及时代的空间组织的意义：不是为了模仿，而是为了理解我们在景观领域的所见、所知及所乐，这对组织我们自己的空间意义重大。

由此可见，即使是过时的政治景观，也有值得学习借鉴之处。例如，无论是公共空间还是私人空间，当它被定位为一种持久而可见的空间时，通常会被赋予一种大众口味的、易于理解的形状：完美的方形；退而求其次，则是矩形；以上都不可行时，也至少采用大块的土地；总而言之，空间总是厚重而形式清晰，且边界明确。可能这是古希腊人——至少是公元五世纪之后——更偏爱方格网城市平面的一个原因；整齐划一的阵列，方正的矩形街区，这种结构很容易理解为可视的单元。这也许会让我们回想起美国的大陆议会（Continental Congress）颁布的限令，规定所有新成立的州面积"不少于一百五十英里见方，或条件允许情况下接近这个数"。这一限令颁布于1780年，恰好在美国方格网体系创立之前。即使到了现代，边界已无太大符号意义，法国人仍然津津乐道于他们国家的六边形轮廓。

另外，强调空间的可视性不只出于美学上的原因。空间用其特定方式，强化或引起人们对其内容的关注。"财产让一个人变得可见和可接近。我不能直接看到一个人的想法或性格。但是当我看到一个人选择的物品以及使用它们的方式，便会明白他的喜好，了解他的行为准则。"[22]

节俭的农夫骄傲地站在他的大红粮仓面前，这场景听起来有点像十九世纪的伊利诺伊。也许在阿提卡（Attica）、古罗马共和国以及古代中国都会有类似的场景。在那些消逝的景观中，必定也会有同样的妥善维护的农场，不太大也不太小，以及同样联系紧密、辛勤劳作的家庭，同样的巨型田地组成的乡村；所有事物从各种意义上体现出方形的特点，伴随着方形的一切美好品质和每一种限制。

我们很清醒地知道，这种景观正在走向消亡，并且没有多少人会对此表示惋惜。它们太过平凡，不足以彰显伟大的意义。也许吧。不过无论将来主导美国景观的是何种形状、空间或者格局，迟早有一天，我们将明白那些空间所象征的连续性和内在秩序，也将猛然发现它们内在的景观之美——代代相传的景观美之源。

论公路

最为著名的公路体系要数形成于十七至十八世纪的法国公路体系。史无前例地，这里的人们找到了一种清晰的道路工程模式，可以同时实现国家的政治和经济利益。宏伟壮观的公路体系，大多以巴黎为中心，将重要的农业区与港口、商品集散中心联系起来，同时将国王及其军队的权威延伸至边疆，有时直达叛乱地区。

法国公路体系的物理特性可圈可点，不但在很多方面与古罗马、古波斯以及古印加的路网体系很像，而且也暗示出，我们可以按道路对社会秩序的影响对其进行分级的可能方式。这种前革命时期交通网络规划的第一步便是确定道路的走向：布置走向笔直、边缘宽阔且开放的马路；多数本地交通都被限定在村落所在的河流与山谷一带，而新修的高速公路则刻意沿山顶及高地布线。这样做有三点理由：高处的土壤更紧实并且不易受洪涝、沼泽地的干扰；高处的公路可以尽量减少对本地交通的影响，并可最低限度地征用耕地；最后，可视性更强。当局在道路两旁栽种的平行、笔挺的杨树，成为景观中最醒目的要素，并时刻提醒着人们王权的力量。直到上一代的人们才开始意识到这些宽阔笔直公路的美感。它们舞动于山脉和乡野之间，路旁是无限延伸的树列。尽管浪漫的十九世纪人认为它们单调、人工化、了无生气，但最近法国政府还是将部分公路列入国家纪念物名录。

由于这些公路并非服务于山谷间的小型社区，它们与周边的乡村很少或几乎没有联系。干道上交通稀少，主要都是飞奔的马车、批发商的篷车、军方或行政官员；而附近的乡间小路上，呈现的却是完全不同的活动情景。十八世纪一位法国地理学者对此曾这样描述：

> "孤立的村庄，布局散乱，路况很差，有时甚至无路可寻。桥梁失修，农产品无法运输，而其他地方则食物匮乏……本地的交通系统，在一代代人无意识的默默奉献下……覆盖了整个乡村，形成由无数道路和小径所组成的网络。经过此处的公路，有时会破坏这一网络，有时加以利用，有时反而避开，改道至荒郊野岭；还有的情况下，公路途经人口较多的地区，如村落、城镇及小城市等，都会有临时性道路与之相连。"[23]

这些公路——古罗马的、古波斯的、古印加的或是法国的——都不顾地形，偏好直线，只为更强的可视性和更短的路线。它们越过或避开当地景观或社区，径直通往政治、商业或军事目的地。某种意义上说，所有的公路仅限于服务一小部分掌权者，这表现在敕令规定、可达性设定或目的地指向上。比较美国州际公路体系与这些公路体系，不难发现其相似之处。但我怀疑，道路学研究者会认为美国州际公路体系归于一个迥异的类别，并指出其最初定位根本不是强化或改变社会秩序的政治工具。

公路体系是如何实现下列目标的？它能将人们聚在一起，并 37

创造一种类似公共场所的地方，以便人们在那里面对面地接触、交谈。公路只是便于社会中某一特定阶级的聚集，如行政的、宗教的或军事的领袖们。他们选择在某个特定的中心会面并处理公共事务。便捷的机动性有利于形成高效的、强势的统治团体。而对普通人来说，尤其是乡村地区的人们，注定忍受交通不便，并被政治排斥在外。

所以，任何健康的政治景观中，一个必备要素便是邻里间或乡间的道路网络。奇怪的是，这一事实却一直被学者所忽视。典型的区域地理研究很少深入讨论地方道路系统。我们总是（有时也是对的）被灌输这样的观点：它们是很糟糕的路，是经济发展的障碍；然而，我们应同样定义，那种只能带人们去工作，却难以满足人们社交活动的路，同样是糟糕的路。用道路学的术语来说，糟糕的路，是那种无法为人们提供满意目的地的路。

美国公路系统是一个巨大而充满野心的案例，充分体现了其曾经的政治狂热——它决定让每一位公民、每一个土地所有者都能方便地抵达通往政治中心的公路。这一政策的效益至今可见，但不幸的是，在如今的方格网体系中，它已经被忽视了。

方格网体系一共覆盖了三分之二的美国国土，除了最早的十三个州、肯塔基州、俄亥俄州的部分和乔治亚州之外。它将全国划成一英里见方的方格或区块，然后每三十六个区块划为一个城镇单元。该体系的一个特别之处在于，每一个区块或方格的四周，理论上都以公路作为四周的边界。在实践中，西部尚有大片地带没有这种路网；但法律基础已经完备，随时可以修建。

这些道路最初完全没有被利用，并且几乎不存在。人们为了方便所有土地拥有者去最近的城镇参加投票和纳税、去教堂和法院、去参加演讲等活动而开始修建道路。上述目的多以政治为名。最后，这些道路又从经济角度得到了重新解释：通往市场或渡口。这解释了为何我们仍想修建这些道路。对于农场来说，一条通往市场的道路十分必要，但通往市政中心的道路意义就不一样了。

众所周知，美国的一些偏远地区活力不足。许多房屋已被废弃，现用作囤首蓿草堆的仓库；小型农场则被合并。这一地区的道路继承了两百多年前的方格网体系，而大多没有路面铺装。它们径直延伸，翻山越岭，绵延数英里；它们尘土飞扬，泥泞不堪，偶尔点缀有歪斜的邮筒以及下垂的电话线。然而它们也不是完全没生气，因为所有的县级行政官员和选举人都知道，他们辖区内的道路是要被评级的，尤其是在临近大选的时候。所以，路面必须被清理好，以便于通信车和校车通行。杂草堆被推到路旁；积雪被铲到路缘；四轮驱动的通信车一路开过，向为数不多的邮筒里塞一份费尔斯公司的轮胎广告、邮政订阅目录以及税单。

维护这些偏远的道路非常昂贵，而且是个无底洞。地方政府打从心底不希望继续维护下去。总有一天，最后一对顽固的农民夫妇或是最后一户暂住的农民工人也会搬走。但在那之前，这种道路会一直存在。作为美国景观政治特征的钟情者，它们的遗存让我很欣慰。黄色推土机沿着乡村道路缓慢推进，这一情景意味着无论我们住得离城镇或高速公路有多远，无论我们多么贫穷或卑微，无论多么孤独，我们都还是这个社会的真实的一员，是政治性动物。让县政府尽情花钱请推土机开到我们的邮筒前吧！我们缴纳的税款就是用来干这个的！

宾夕法尼亚州保利（Paoli）附近的土路。［摄影：戈登·帕克斯（Gordon Parks）］

39　　　　　　　　　　　　　另一种景观

　　在结束对政治景观的讨论之前，我们不妨先小结一下这种专门塑造守法良民、诚信官员、雄辩说客和爱国士兵的景观。这里有一段写于公元三世纪的文字，描绘了古罗马帝国末年的意大利，其作者土特良（Tertullian）是早期最伟大的基督教作家之一。其中颇有讽刺意味的是，文中所谓的永垂不朽的文明世界，在一个世纪以后被野蛮人入侵，导致景观遭到破坏，被一种完全不同的形式取代。

> "所有地方都方便可达，并对商业开放，尽人皆知；多
> 数宜人的农场里，曾经令人懊恼、有害健康的荒地被清除；
> 耕地取代了森林；成群的牛羊取代了野兽；沙地被耕种；山
> 岩被开垦；沼泽被排干；曾经零星的村舍，而今已成大城
> 市。不再有令人惧怕的［荒］岛，也不会有令人恐惧的滨海
> 岩岸；到处都是房屋、聚落、高效的政府以及文明的生活。"

其中一些土特良认为美好的特征恰是环境学家所谴责的：耕
地取代森林，城市取代乡野，野生动物被灭绝，沼泽地被排干，
以及乡村全面向商业开放。这当然不是什么激动人心的景观，甚
至可以说有些单调。然而它肯定是令人印象深刻的景观；因为它
使秩序和繁荣这两种在那个遥远的时代很不寻常的特质可视化，
即使在今天这两种特质看来也一点都不普通。它是一种适于栖居
的景观，从社会学的视角来看是一种成就；尽管我在文中所要关
注的不是艺术家、地理学家或者考古学家认为独特的景观，而是
能够表现出人们如何达到人际关系和人地关系之间平衡的景观。
在这一点上我们从未完全成功过，而且往往过于强调人的作用。
但有一个事实不容忽视，几乎每一个畅想更美好世界的乌托邦版
本都以提出一种政治基础框架为始——土地平均分配，城镇作为
市政中心，边界防御有力。从柏拉图到托马斯·穆尔（Thomas
More），再到刘易斯·芒福德（Lewis Mumford），所有的社
会哲学家无不约定了上述景观特征。我不是乌托邦著作的崇拜

者，却也不得不承认，或多或少都是一种政治动物的我们，都
会认同乌托邦的理念：家庭农场、公共集会及交流的神圣场所。
同时我们也会认为，边界和隔绝确实能保护小型社区，确保公
平性。

　　只有当我们从个人的角度，从人的存在更为感性的一面进行
考虑时，我们才会发现，其实政治景观中缺少某些要素。因此，
是时候探索另一种景观了，一种能让我们怡然自得地栖居于地球
40 家园的景观。两者的区别很明显：作为政治动物的人，认为景观
是他一手创造出来的，是属于他的，并且景观被视为一种界定清
晰的领地，能够赋予他完全不同于其他物种的地位；而作为栖居
动物的人，则把景观看作一种远在他之前便久已存在的栖息地。
他将自己视为景观的一部分，是景观的产物。当然，这两种观点
也有共同之处：都将景观视为某种共享的空间；都认为人类要生
存和实现自我，必须先通过某种景观联系成为一个群体。

　　为什么我们会相信自己是地球的栖居者？答案显而易见：因
为人类属于地球，是自然秩序的一部分，与其他生命形式息息相
关，遵循相似的法则，依赖健康和多样化的环境。身为自然的一
部分，这一前提条件包含了许多责任和义务。破坏这个容许无限
多生命体共存的系统，或者破坏我们无法取代的系统，不仅是不
负责任的，而且会威胁到人类自身的生存。因此，我们的首要使
命便是发现自然的法则，并遵循它们；然后我们才能倡导安全和
富于创造力的生活，为地球及其栖居者带来福利。为了展示我们
的贡献，我们还会声明，我们如何节能、保护野生动物、培育有
机蔬菜，以及如何传承手工艺、遵循传统精神律令。

这是一个坦诚的答案，但其本身还欠缺哲学性。它只是暗示道，如果我们想要生存（不管为了什么），我们最好遵守生存游戏规则。众所周知，还有另一种更为诚恳的方式来表述我们与自然环境的紧密联系和对自然环境的依赖，那就是向心理学家、生态学家寻求答案，而不是神学家。这是当代社会的典型做法。还有一个典型的做法就是，我们更关心如何在最广泛的层面与自然建立和谐、丰产的关系，而不仅仅局限于景观层面；而在不远的过去，人们终其一生还是要通过景观与自然界进行日常交流。我用一个过时的旧词——自然之子（child of nature）——来表达当时人们所渴望的身份以及生活方式。但是在自然有这样的涵义之前（自然作为与城镇相对应的乡村的意思起源于十八世纪末期），最常用的词语是大地之子（child of the earth）。

将大地喻为众生之母的神话家喻户晓。我们把自己的国家视为母国，自己的学校视为母校，这也不仅仅是一种比喻的修辞。相反，这种神话明确指出，第一个人类来大地母亲的子宫。美国西南部的普韦布洛印第安人当中流传着多个版本的创世神话，它们共有的情节是：姐妹二人原本一直住在黑暗的水洞里，直到 41 有一天，降临了一位神一般的使者——有时候是联系两个世界的蜘蛛女——带领她们走出洞穴，来到一片充满花草树木的世界，迎接太阳的升起。普韦布洛关于埃克马村落的记载中写道："她们来自大地，来自大地母亲玉米女神。她们从斯拉夫神话中的北方地下王国中出来。她们像蚱蜢一样慢慢爬出。她们赤身露体，光滑如玉。四周一片黑暗，太阳尚未升起。"[24] 伊利亚德写道："人类生自大地，是一个全球普遍存在的信仰。"

"在许多语言中，人被描述为'生于大地'。我们可以随便挑出许多例子。亚美尼亚人称大地为'母亲的子宫'，人类从中产生。在无数语言中，人被描述为'生于大地'……秘鲁人将土地称为大地母亲。人们都相信，孩子来自'大地的深处'，来自洞穴、岩窟、裂缝中，也来自沼泽、泉水和溪流中。在欧洲的每一个地区，几乎所有城镇或乡村，都有传说能生孩子的岩石或者泉水。"

他补充道：

"我们必须警醒地知道，这些迷信或者寓言不只是讲给孩子听的。真实情况复杂得多。直到最近，欧洲还流传着一种模糊的意识，认为出生和土地之间存在某种神秘的和谐关系。这不是对国家或省市的普通的爱，不是对某一处熟悉景观的赞许，也不是世代传承的围绕乡村教堂的祖先陵墓的崇拜。它体现了完全不同的涵义：一种神秘的归属感、本地感，强烈的乡土意识，感觉到是脚下这片土地给了我们生命，正如它将其无穷无尽的肥力撒向岩石、溪流和鲜花一样……这种人类来自大地子宫的含糊记忆有着深远影响。它使男男女女产生了与宇宙万物紧密联系的感觉；甚至可以说，人类曾一度更倾向于认为，人在景观中的角色无异于宇宙中其他生物，而不仅仅属于人类群体……这种经验产生了人与场所之间的神秘联系，至今仍在民俗和大众传统中有着很强的生命力。这种神秘的和谐关系并非毫无负面效应。它妨碍了人们产生'创造者'的感觉。就父子关系来看，父亲并没有属于自己的孩子，孩子只是从宇宙的某个地方'到来'的生命，确切地说，孩子只是家里的新成员和新劳力。"²⁵

　　在推测作为栖居者的人所创造的景观类型时，埃里亚德的上述评论中有两点值得深思：第一点是前提假设，早期人类对创世采取了一种非常被动的态度，视自己仅仅是大地母亲之恩赐。这很有说服力，但是无从验证。第二点意义更加重大，即我们与自然环境的基本关系被严格限定在一处场所，一处熟悉的祖先传承下来的景观，从不包含全部土地，甚至不会包含相邻的景观。我们自己的景观在神圣的起源方面独一无二，因而我们在人类当中也是独一无二。　　42

自 然 空 间

　　这两种景观——政治景观和（简化起见，我称之为）栖居景观——在现实生活中总是同时存在。通常情况下，政治景观尺度恢宏、亘久不变、易于识别，而栖居景观则大多渺小、卑微、难以发现。但是两者无论如何总是同时存在，只有在抽象的研讨中，我们才能分辨。

　　它们的确是不同的，不仅表现在表象上或者（由于缺乏更好的词汇我暂且称为）空间结构上，而且表现在它们的内在目的上。我想暂且这样说，政治景观是刻意创造的，以使人们生活在一个公平的社会中，而栖居景观是演化而来的，伴随着人类试图与自然环境和谐共处的过程不断演化。第二种景观更为古老，并且至今仍是最平常的景观；我确信，随着更多的人开始觉察到一种新的对自然秩序的依附，它将再度成为时尚。纳瓦霍人的态度便是："在走向人生终点的道路上，人成为世界的一员，他精心维护着自己与万物的和谐关系，维持着与他同类的共存和有序的补充。"[26] 用科学语言来理解这句富有哲理的话，便会发现，它与当代许多环境主义者的理念异曲同工。但当我们试图将这一观念转译到景观中时，却会发现这异常困难。因为栖居景观的种类太多，适应环境秩序的方式太多，正如政治景观种类繁多一样。我们在这里所要关注的景观与游牧民族纳瓦霍人的景观完全不同，因为那是世世代代以斧头和犁为装备的无数农民以及他们的自然环境适应理念的产物。德国社会学家滕尼斯（Tönnies）在对他称之为礼俗社会（Gemeinschaft，或者说传统的前科技时代的社区）的分析中，我们有机会一窥约四个世纪之前欧洲的栖居景观。

"人们认为自己处于宜居的大地之中。追溯到时间的最初，大地在她的子宫中孕育了人类，人类视大地为万物之母。大地支撑起他们的帐篷和房屋，房屋越耐久，人们便越依附于自己脚下的土地，然而这种依附关系总是有尽头的。这种依附关系伴随着土地的耕作愈加强烈和深刻。当犁翻过土壤时，大自然就像林间被驯化的动物一样柔顺。但这不过是筚路蓝缕，子承父业，经过无数代人永无止境的劳作的结

果。于是，人们所栖居和占据的地区成为来自祖先的共同遗 43
产，所有人都把自己当作土地的后裔和骨肉兄弟。在这个意
义上，土地可以理解为一种有生命的事物，有着精神和心理
学上的价值，因存在某种永恒流动的要素而生生不息。这种
要素就是人类……习俗，成为仅次于血缘的纽带，紧紧联系
起同时代的人们，就像记忆联系着生者和死者一般。家园，
作为珍贵记忆的化身，捆住了每颗心，于是才有了离别时的
忧伤，回望时的思念，漂泊异乡时的渴望……即使是在游牧
迁徙的年代，家庭和家园也会勾起同样的情思……氏族、部
落、村庄以及城镇社区的形而上特征，可以说，便是与土地
的婚姻，形成永恒的团体。"[27]

对我们大多数人来说，这一传统社区的图景有着很强的吸引
力。因为它在一定程度上明确了我们对远古欧洲的意向，强化
了浪漫主义的艺术、文学，以及家喻户晓的传说、童话故事中所
宣扬的生活，一种更加简单且亲密无间的生活方式。但我们产生
这种认识，却是在历经了两百多年激变后再回首过去之时。事实
上，传统的栖居景观在达到和谐和稳定之前，不知经历了多少代
人的摸索和改变。即使通过定义也能看出，栖居景观乃是不断的
适应和冲突的产物：适应新奇而复杂的自然环境，并协调对环境
适应模式持迥异观点的人群。政治景观虽然是人工的，却是对某
个原型的实现，是受到哲学或宗教理念激发的连贯设计，有其视
觉上独特的目的。而栖居景观，用一个常被曲解的词来形容，是
存在主义的景观：在存在的过程中确定自我的身份。只有当它停

止演化，我们才能说清它到底是什么。

当然，滕尼斯主要对传统社区及其景观的最终形态感兴趣。而对于自人类定居点形成之初就一直存在的永恒性冲突，无论是环境的还是社会的，他都毫无兴趣。然而那些都是景观过程中的一部分，而且至今我们还能看到它们的踪迹。目前，我们愈发将景观分为自然的或地形的空间来分析，而非政治的或"市民的"空间。那是因为，景观现在被理解为一种适应自然秩序的方式。

谈及德国早期社区的土地所有制时，简·雅各布（Jacob Grimm）观察发现：

> "［人们］以畜牧业和农业为生……现在很明显，牧民倾向于未划分的、集体控制的土地，农民则更喜欢个人控制的土地。牧民需要建立牧场、草甸和林地，用于放牧和饲养；他们的牲畜只有被圈养在一起才能茁壮成长。对农民而言，最好的地块则是环绕宅第的田地，那样他们就可以建造围栏，排除外来者。他们亲自耕地，收成全仰赖于自身的努力……于是我们看到，整齐划一的地块得到了有效的经营管理，而未划分过的、集体开垦的土地则成了古老而过时的事物。" [28]

所以，早期定居者所占据的最初的景观被看作自然景观的组合，有些适于耕种，有些适于放牧，其他的被树林和灌丛覆盖，但将它们视为一体时，非常适合社群共同开发。没有哪种空间在尺度或形式上是一成不变的。变动的边界是栖居景观的标志，因为随着社群的增长，生产方式从畜牧业转为农业（或反之），或者某种形式的空间贬值，所有这些都可能导致空间的重组或渐变。但早期移民者或定居者首要寻找的空间总是放牧的土地和耕作的土地。事实上，他们关注四种空间：村庄选址、耕地、牧场，最后是林地；可是林地无处不在，其牧草资源比木材资源更加珍贵。所以村庄的选址就容易理解了。这就是为什么，欧洲大陆在各个历史时期都诉求于两种空间：一是居住用地的契约、租约，二是居留许可，这些文件在英语、法语、拉丁语或者德语当中都有涉及。

"［由村庄集体开发的农地、林地和荒地］，以及［耕种地区］……它们的组合在整个中世纪时期看起来确实很持久和常见。可以说，有三重呈同心圆分布的区域，分别是围合的村落、农业耕作区以及外围大片未耕作的地带；这便是十二世纪末《康布雷纪事》（*Annales Cameracenses*）一书的作者所描写的童年时对村落景观的印象。三层区域中，人栖居的村落会随人口外迁而变小，但是三个区域都是同等重要，同样可持续的。"[29]

景观的三分法在很多个世纪被用于实践。当英国人在十七世纪抵达新英格兰时，他们便严格按照这一传统体系组织其城镇和村落布局。新开拓区的每一位合法定居者，除了在村庄里有一处宅基地之外，还被授予一部分草地、一部分耕地，以及一部分林地。后来，独立经营的农场兴起，这种传统的开放田野体系在殖民地迅速衰亡，人们不再追求村庄的自给自足。尽管如此，每个农场都理应包括草地、耕地和林地的理念一直延续着。编于 1797 年的《新英格兰农民或农事词典》(*The New England Farmer or Georgical Dictionary*) 建议："主要用于耕作的地块应邻近住宅和粮仓……牧草地应设法选在相邻处，林地则在离屋舍45 最远处。"选址的原则是便利和省力。即便如此，中世纪的古老空间等级秩序，即三重同心圆的分区体系依旧清晰可辨。

　　二十世纪伊始，美国农场几乎彻底重组，机械化程度增加，强调单一经济作物，林场的作用衰退，所有这些让多数农民意识到，古老的三分法已经不适用了。

　　如今我们已经设计出一套全新的土地分类方式——这意味着，我们在形成景观新定义的道路上又迈出了一大步。

林地的兴与衰

　　在中世纪传统的宇宙观中，整个世界也分为三种空间。第一种是人类生活和自我创造的空间——园林和耕地。第二种是畜养牲口或没有围栏的开放空间。第三种是除上述两种空间之外的一切空间。在拉丁语中，它们分别称为"农地"(ager)、"牧地"(saltus) 和"丛林"(silva)，如塔西佗 (Tacitus) 就曾提到"多刺的丛林"(horrid silva)。在英语中，它们分别为村庄和耕地（从严格的字面意思来说，应该叫作景观）、牧场、公地或废弃地（包括林地），以及荒野。

　　林地 (forest) 是一个相对新颖的词，不宜在这个承上启下的地方使用它，因为我们正尝试以中世纪黑暗年代的农民的视角来看世界。林地，在我们看来是一个熟悉而美好的景观，而在他看来却意味着荒野。树林（wood）、旷野（weald）和森林（wald），这些词皆同源于荒野（wild），意味着无章可循和变幻莫测。即便如此，我们还是无法完全清楚不同年代的人们究竟如何使用它们。有时候，树林代表一片山脉森林，类似德语中的"波希米亚森林"（Böhmerwald）一词。有时候，它又表示一处边界，一处受保护的地带。不过，关于树林，其最初的基本涵义已被普遍地接受：荒野，甚至是荒漠。转而看看拉丁语，我们会发现（恰如所料），关于有树林覆盖的地区，因其功能不同，而有许多不同的表述词汇与之对应，但没有一个词可以对应"林地"。silva（其衍生词 savage，野蛮）通常喻指荒野或原始森林——完全不属于人类景观。nemus 指公园或人工植被，lucas 表示一片圣林。saltus 在中世纪的篇章中表示放牧的林地。看来，该词最早便暗含有山口（mountain pass）的意思，自从罗马人将这些山口和山林联系起来后，该词便兼具林地和边境的意思。然而，最终 saltus 演绎为有树的牧场的意思，就像一片开阔的稀树草原。

在传说时代，欧洲北部的那些大片荒野之地（或林地），有一望无际的树林、草原，以及可望而不可即的山脉与峡谷，始终人迹罕至。两千年或更早以前，它仅仅被看作荒野的代名词；浩瀚无边、神秘莫测、不适宜居住，跟令人望而生畏的大海没什么两样。一位历史学家评述道："日耳曼人没有大面积地清除原始46森林，其原因不仅仅在于他们的技术落后"，

　　"他们重视原始森林：无法穿越，无人能及。部落之间的边疆地区是广阔的林地。林地的中心乃是圣灵之所；那里它显示出神秘的力量；那里是献祭、敬畏和服从之所……我们尚不能肯定这种神秘氛围完全制止了人类向林中推进的步伐。但起码它是一种障碍，并且至少说明，在日耳曼人心目中，林地是他们的栖居地中不可改变的要素。"[30]

　　即使是在远古时代，森林就明确区分成几种，一种是位于原始森林的中央地带，与神话和神灵有关的"崇高"之林；一种是日常之林或曰民众之林，是每个社区的三重景观中必需的要素。

斯普肯市（Spokane）附近林地萦绕的农场。（来自美国农业部土壤保护局）

有一个词专门指代这种相对不那么重要的林地——"march"。这个词现在很少使用，意指边缘地带或者边界。而在哥特时期，它似乎兼具边界和林地之意，这种涵义不难理解。当聚落还如同绿洲般点缀于北部荒野林地之间时，围合社区边缘的林地被视为社区边境。林地是一种地标，神圣不可侵犯，所以"march"或者"mark"的原意便是林地，尤其指代人类干扰下的、进行放牧的林缘地带。该词很明显与"margin"、"merge"，甚至"murky"有关。

　　另一个不同的术语有助于理解林缘。如果我们将林地看作一个边界清晰的生态系统，那么林缘地带可以看作是退化的林地环境，是管理不善、过度开发的结果。而如果我们把林地简单理解为荒野之地，那么林缘地带则不属于这片荒野了。它是"saltus"，牧场；是"march"，兼具林地和边境的意思，是一处必不可少的空间。它蕴藏了大量的资源，如药草、野果、猎物、各种手工业原材料、薪柴、木料，最重要的，还有草丛。蒙默斯郡的杰弗里（Geoffrey）在十二世纪时写道："林地塑造了不列颠的乡土景观，野鹿遍布林间，野草长满空地，牲畜在这里可以享用别样的牧场。"在栽培草种尚未面世，各种牧草必须与杂草竞争的时代，这种长草的林中空地——或者如他们所谓的草场（lawn）——是很受青睐的。牲畜的大多数饲料都是从林地中的树上砍下来的枝叶——这种行为也使得林缘更加开放。

　　只有南部的农民才会真正明白，林地如何成为牧场。今天我们还能观察到，在美国南部有些乡村地区，牛、猪，甚至马，在所谓的废弃地上徘徊啃草：荒废的田地，采伐过的林地，道路或高速公路的两边。这很像一千多年前欧洲北部的牲畜的行为。这一习俗是最后的遗迹，提醒着人们，历史上有过一段时间，林地（或者说荒地）并非乡土景观中的一部分。那时，林地这个词对普通英国人来说，几乎完全陌生。它始现于公元九世纪的围场，指圈定的一部分用于国王狩猎的荒地。达比（H. C. Darby）告诉我们，该词"既不是植物学上的也不是地理学上的术语，而是一个法律术语。它意味着一片特殊的土地，凌驾于普通法律之外，由国王狩猎特别法专门保护。于是，林地（forest）和树林（woodland）不是同义词，因为林区（forested area）包含了那些既非树林（wood）也非废弃地的地方，有时包括了整个县域。尽管如此，林区通常会包含一部分甚至是一大片林地"[31]。

　　无论其本义多么狭隘，在林地被发现或创造为一种独特生态系统的过程中，林地一词的发明堪称重要的一步。因为从那以后，它便成为生活的一部分——社会的、经济的、生态的和精神的——每一个泛大西洋景观中的一部分。这一发现的历史是景观研究中独立的一部分，但目前尚无人涉猎。它始于千年前的一种法律上的定义，将林地视为一种政治空间，一种有自己的专门法律的空间。早期人们创造了三到四种林地，每一种都有自己的特殊法律地位：皇家林地、狩猎林地、公园林地，还有野生鸟兽狩猎特许地（warren）。大约从十六世纪开始，才出现一种界定清晰的林地，从此林地成为乡村地区不同于开放农场的可见要素。据一位林地史学家介绍："在十四世纪前，林地和田野之间没有固定界线。在所有可能的地方，人们放火烧山，烧掉部分林地，耕种一到两年，当地力衰竭不再适于作物生长时则遗弃之，而树林便得以恢复。"[32]

　　为这一古老的多功能林地的消逝而悲伤也许为时尚早。它们规模不大，管理不善，向所有人开放：猎人、植物学家、伐木工人、森林深处的探险者、走失的牲畜。看起来，它们似乎将被许多科学组织的特殊林地所取代：单一树种的经济林，带有解说标识的公共游憩林，用于流域管理的水土保持、雨洪控制林，生态系统示范林，防护隔离林，艺术林，但是再也没有这种多功能的林地了。果若真如此，林地这个词必定将因为表意含糊而被抛弃了，我们将再次回到中世纪的林缘地带；而它，只能用以表示高速公路的边缘了。

变化与永恒

　　不管我们对栖居景观有多么强烈的依附感，也不管它们曾经对我们多么重要，要抓住它们的核心特征实在太难了；倘若要从空间层面解释它们，我承认自己都时常困惑不堪。但是林地角色的演变也许能为我们提供线索，因为长久以来它在人类景观史上扮演了主导角色。

　　地理学对林地这一角色已有过深入的研究。通过多种考古技术，我们得知欧洲的覆被林地在何时、何地，以何种方式破碎化，范围缩小，以及人们的开发强度和破坏力如何日益增强。但是，在过去的几个世纪里，我们对其他很多问题知之甚少，比如我们对林地的定义与认知的演变，以及人们探索和开发林地及其资源，并最终将其整合到人工景观中的过程。

我们如何描述林地的这一发展演变过程？似乎，从史前时代开始笼罩在原始林地的神秘迷雾开始逐渐消散，人们明白环绕栖居地的周围世界是无尽而恐怖的荒野，并有了更为清晰的空间界定——荒野由连绵山林覆盖的山野组成，山野将空间与外界的混乱隔离开来。最后，人们开始开发林缘地带，畜养牲口，伐木建房，储备薪柴。到了十二世纪，已经有迹象表明，荒野地已不再被定义为边境或者"march"，而是被定义为村庄领地的一部分。伴随着林缘地带的日渐退化，村庄逐渐扩张。大概三个世纪之后，人们开始以一种新的视角来看待荒野，即借用林地一词建立边界，简言之，使这片生长树木的空间更加驯服、更加人性化，结果它变成村庄景观的一部分，本质上与田地、公地的地位没什么区别。

然而，我们最为关注的环节在于，林地是从哪个时期开始被看作由全体村民共享的自然空间。林地或树林属于所有人。简发现，"土地作为财产始于公有制。我采摘苹果的林地，我饲养牲口的草场，都属于我们；我们共同御敌的领土，属于我们；我们赖以生存的土壤、大地和空气，也都属于我们——无人能独自占有，哪怕是一丁点也不能。它们属于公众；正如水与火皆为公有"。

于是，像草场、荒野、林地以及四大要素（土、空气、水和火）之类的独特自然空间，断不能被永久地划为私有财产。尤其是，任何利用它们的个人，都无法以围栏围合其中任何一部分。事实上，栖居景观中仅有的永久性墙体或围栏存在于已被神圣化的区域周围：原有的宅基地所在，作为建成区的村庄本身，公共田地及草场。在最初开发林地内部时，只允许修建临时性的围栏，如在牧场或者珍贵树群周围。在我们看来，这些恒久边界的选定方式也许有些匪夷所思——扔榔头、鸡飞的距离、声音所及的最大距离等等——以此来表达其神性和捉摸不定的特性。当修建围墙或者围栏的做法不可行时，比如界定整个社区的边界，人们便会采取石刻标记或种植长寿树的方式来划定边界。

这种边界具有宗教和恒久不变的特征，定期修缮，庄严重建。因而，边界很像政治景观中的要素，很像是在试图定义一种恒久的空间，无论是村庄或者公地，它都具有其政治性的一面。但是在这一多少有些死板的边界网络中，还存在大量较小的空间，形状和大小都经常变化，包括村民耕种的地块、林中临时的圈地或牧场，甚至是宅基地——它们组成了绝大部分的村庄及其耕地。由此可见，我们所在的栖居景观中，变化和移动是基本法则。

在中世纪的欧洲景观中——尤其是十七世纪的新英格兰景观中——两块或三块农用地块组合成更大的田地，称为开阔地（open field），因为它仅在外部有围栏，而内部田地连通。田地（field）是景观中极其模糊的空间之一，需要加以详细定义，因为在不同景观演变期，它的涵义不同。

如今田地被普遍定义为，"一大片耕作的土地，通常只栽种一种庄稼"。它是栖居景观中的一处自然空间，就像林地或荒地。该词来源于印欧语系中的词根"pele"，意思是一处平坦开阔的空间；它出现在相关的词语中，例如平原（plain）、手掌（palm）和波兰（Poland）。在中世纪早期，"feld"一词意思是

"没有林木的土地，位于山丘或荒野，有时位于林间空地" [33]。

开阔地作为一种自然空间，是社区的公共财产，围有栅栏或树篱。它有时被划分为数百个单独的地块，由村里各家庭使用（而非拥有）。尽管这些小地块形状尺寸各不相同，但还是难以区分彼此，因为每块地种的都是相同的作物，没有任何树木、多年生植物或者构筑物，也没有道路、公共空间或田间服务设施——这是一系列统一的高度实用的空间集合。

但由于一些易于理解的原因，每一个地块的组合模式都不断变化：有时是因为遗产划分，有时是因为合并，有时是因为邻人无意间多犁了一道而导致边界的渐变。经过几代人的变形和混合后，总是需要重新划分地块空间。由于上述变化多无记载，租户之间的土地转让也都是通过口述而非书面档案，因此，虽然学者们发现了这些现象，却不可能详尽追述其历程，更不必说解释了。但是任何情况下，这一变迁背后都有着经济上和技术上的原因。在记述中世纪早期的欧洲大陆景观时，马克·布洛克（Marc Bloch）写道：

　　"赖以维系村庄的人均耕地量如今大大减少了。农业是侵占空间的大户。在翻耕不彻底、肥力不够的耕地中，[麦]穗不饱满也不密集，且每次耕种都只在部分区域。那些老年人们所熟知的最先进的轮作体系，要求每年将一半或三分之一的土地休耕。通常休耕区和耕作区不规则的轮换，结果导致杂草比庄稼有更多的生长时间；在这种情况下，所谓田地，也不过是对荒地的短期征服罢了，甚至在农业区的核心地带，自然也往往会占据上风。自然的力量无孔不入，超出田野，包围田野。到处都是绵延的林地、灌木丛、沙丘——辽阔的原野，它们很少被人类完全占据。无论人类以什么形式存活其中，烧炭翁、牧羊人、遁世者、逃亡者，都要以离开同类为代价。"[34]

这种空间流动性也不仅限于开阔地。栖居景观中的大部分道路——严格地说是"通行的权利"（rights of way）——都是为临时用途而设计的临时空间。村庄首领指定某一带状地块，作为从林地中运出原木或者驱赶牲口回村的通道。一旦这些任务完成之后，道路便不再具有任何法定身份了。

布罗代尔[①]论述过中世纪后期"村庄的相对机动性"。"它们发展、扩张、收缩，也迁移。有时被最终地、彻底地废弃……更常见的情况是，文化中心转移，于是，所有一切——家具、人、动物和工具都搬出废弃的村落，迁至几公里之外。这种兴衰变迁过程中，村落的形态不断变化。"[35]

在古日耳曼律法中，房屋或者村舍都算作可移动的物品。这类物品还包括：牲畜、生活用品、武器、蜜蜂，甚至若干蔬菜作物。因此在有些景观中，可动产包括能随风而动的牧草、庄稼、大风刮落的树枝。简告诉我们，德国有些乡村地区，果树被认为是不动产，而建筑物、树篱、围栏及工具被认为是可动产；另外，建筑的围墙以及任何使用钉子的物品，都被认为依附于大

---

① Braudel，法国著名历史学家。——译者注

地，是不动产。研究栖居景观时，有一点较为复杂，即每一地区、每个村庄都可能有自己的不成文的律法和习俗，这些不成文的律法和习俗随时间而变化，并仅适用于社群中的某一个阶层。通常来说，可动产是妇女、未成年人以及社会底层仅有的财产；只有自由的男性（无论如何定义）才有资格拥有土地——据推测继承自传说中某位远古祖先的土地。普通农民只能使用属于他人的土地，即只有在其表面种植可移动的庄稼或畜养可移动的牲口。古希腊在所有权上也有着类似的区分，但并非在可变和不可变之间；而是不可视与可视之间——可视意味着永恒。

自然，驯化与野生

罗斯金在其另一本关于年代景观的合集中，讲述了中世纪艺术中描绘的中世纪景观。但是其中描绘日常的、"移动的"世界52 的细节不多，因为这种艺术从贵族的视角出发。而中世纪的贵族与传统的古代贵族不同，他（中世纪贵族）对劳动或劳动场所没有体会，对体力劳动者本身更是没有感觉。因此，该文以一种从城堡高度俯瞰的视角描述道：

> "令人愉悦的平地绝不是耕地，也不是茂盛的适于牧羊的草地，而是花团锦簇的园林，用芬香的树篱分割，中间坐落着城堡。山杨树备受欢迎，不是因为它们适合给'造车匠'做车轮子，而是因为它们荫凉而漂亮；硕果累累的果树，尤其是苹果树和橙子树，在景物中地位尤其重要……人

类理想的生活不是耕作、园艺或者放牧，而是采摘玫瑰、享用香橙，然后四处闲逛。"[36]

罗斯金总结了对待自然的贵族式情怀："热爱园林而非农场……对现实生活的美妙毫无感觉，而走向虚幻的遐想，迷恋于禾草、鲜花等，沉湎于野生环境。"

我想说，一切都有赖于环境的野生程度。以下是一个关于栖居景观的出色案例。在美国西南部，普韦布洛印第安人村落历经数个世纪建立起一种与环境之间的和谐关系。但这是因为双方都表现出同样的尺度、可预测性以及合作的意愿。西南部的复杂性在于地质问题，而从适宜居住的角度考察则简单明了——水、阳光、准确的历法以及空间，这些都是生存所必需的。普韦布洛人在社会、时间和空间上区分得很清楚，结果便是他们创造了一种非常有效的栖居景观。露丝·本尼狄克特[①]说："祖尼族印第安人——

　　并不像我们一样把世界描绘成善与恶的冲突。他们不是二元论者……我们的世界图景是善与恶的对抗，对我们而言，实在很难放下这一世界观，而像普韦布洛人一样看世界。他们并不将季节或者人的生活看作生与死的赛跑……季节并不轮回。生活永远是存在的，死亡也是永远存在的……他们心目中的人地关系如同人际关系一样，没有英雄主义，

---

　　① Ruth Benedict，美国民族学家、女诗人，美国人类历史学派开创人。——译者注

也没有克服障碍的人类意志……作为北美文化中一个小型但历史悠久的文化孤岛，他们创造了一种忠于太阳神阿波罗的文明形态，规则、精确和沉静乃是快乐之源和生活之本。"[37]

北欧的中世纪景观可绝不像印第安人村落的栖居景观那样，后者强烈地表达与环境和谐共处的意愿。毫无疑问，中世纪欧洲的居民与普韦布洛印第安人的起点并不相同，但我们不能忽视他们当时面对的环境条件：漫长而黑暗的冬日里的孤独与内省，忽然到来的春天的解放，万物复苏，欣欣向荣。当然，也会有无处不在的林地，神秘、危险和自由的场所；不管怎样，它们都需要被处理，使景观具有一种完全不同于普韦布洛人的人地关系的不确定性。这种不确定性意味着，一切终将被"历史"取代。出没于林地中的巨人非常痛恨人类的存在，他们费尽心机毁掉教堂的钟楼——这代表了一种新信仰和时代的新秩序；甚至是精灵（elves），尽管他们为数更多、更加友好，也时常乐于助人，但同样对林地的消失以及农业的蔓延感到反感。"我们的国王已经死去"——他们的呼喊回荡在树林深处。一种广为流传的迷信能够很恰当地反映出早期社会与环境之间的关系，这便是小精灵的存在。在我看来，任何不可见的坚定信仰必定或多或少地影响到我们对待可见世界的态度。人类对邻近的荒野地的随意掠夺和破坏成为一种利益交换。人们为了日常所需而向林地索取的东西通过另一种方式偿还——帮助、保护和关爱这些栖居于此的、微小的、不可见的生物。他们起到了一种中介的作用，确保我们适应自然秩序，而不是与之为敌。

尽管他们体型很小——真正的精灵绝不会高于一个四岁孩子（这也是中世纪时天使的身高）——但是精灵和人类之间非常亲善，并且由于在所有生灵中，只有这两者是上帝直接创造的，他们也一直梦想有朝一日回归天堂。简写道：

> "[整个精灵、女水妖、小鬼的存在]都涌动着一股不满和忧郁的暗流：他们并不确切地知道该如何实现自己的伟大天赋，他们总是需要依靠人类……尽管比人类更加熟悉石材、草木内在的特性，他们仍呼唤人类帮助他们的病者和女劳力，借用人类的容器来烤焙或酿酒，甚至在人类的礼堂中举办他们的婚礼或者联欢会。因此，他们也会怀疑能否成为救赎的对象，倘若答案是否定的，悲伤之情表露无遗。"[38]

栖居地与习俗

与环境之间的这种密切的、永不止息的关系，无论在美洲印第安村落、北欧还是非洲的栖居景观中都很典型；但我们必须了解，每种关系仅限于一种特定环境，这意味着无论其他环境与之多么相似（正如普韦布洛印第安人的情况），那里的人和环境的关系都不可能完全相同。政治景观毫不考虑所在地的地形及文化特点，而栖居景观视自己为世界的中心，是一片混乱中孕育秩序的绿洲，是人类的栖居地。自主自立是它的本性；规模、财富和美丽与之毫无关系；它自我约束，遵循自己独特的法律。

事实上它遵循的也并不是法律，而是一系列经过数世纪累积而来的风俗和习惯，它们都是对栖息地缓慢适应的结果——当地的地形、气候、土壤和人文，以及世世代代生活在那里的家庭。他们的方言、着装、庆典、舞蹈和节日，这些如诗如画的风土人情成为旅游者津津乐道的民俗景观；还有一些暗语、手势、禁忌、秘密——神秘场所和神秘事物，远比任何边界都能更加有效地排外。无论这些奇怪的习俗有多少，识别一处栖居景观及其栖居者都是凭感觉：公认的当地美酒佳肴的地道口味，特定季节的芳香，还有民歌的唱腔！曾有一段时期，许多村庄都以教堂钟声所及的郊野为边界，正如一种关于伦敦佬的古老的定义所说：在钟声中出生、成长。这样的感觉绝不会完全遗忘，也不会常常想起，但却总会提醒我们自己的归属；同样重要的是，这些绝不会与外人分享。

　　这便是我们所谓的场所感吗？这是对我们渴望的栖居景观的适应和沉浸吗？但愿不是这样，因为我们的欧洲—美国景观代表了一种非常不同的关系，它们是最有魅力、最高效的。无论从哪个角度来理解——宗教视角、心理变化、对村外广阔世界的逐渐认识，等等——从大约五个世纪前开始，我们理解景观的视角就已经变得愈加新颖而独特了。古老栖居景观中的村民既不是一位高效率的农夫，也不会想要变得高效。他从未想过要去发掘自然界的奥妙：土壤的成分、植物的进化、气候的变化；他所有的知识都来源于感觉。但之后，他发现了自己可以扮演独特的人类角色。一本古老的农业手册上写道："农民应当研究其赖以生存的土地的性质，孜孜不倦地了解土壤状况：冷暖、干湿、黏性……正如所有的人和动物都有各自的特点，土地也同样如此。"于是，他被进一步敦促着像老师对待学生一样对待土地，将其培养为一个负责任的个体，或者视自己为助产士，协助某些事物来到这个世界。他还视自己为教练，耐心地训练小马或小狗练就一身最棒最实用的本事。总之，他不再是因循守旧的盲目苦力了，他将成为守护者、教师和雷锋。按其古代的字面意思来说，农民开 55 始改善自己的土地，将其本质属性发挥至完美境地，这需要他们学会识别土壤、动物、植物身上内在的潜力，学会识别景观的普遍规律，而不只是乡土特点。

清教徒视角的景观

58 康涅狄格河谷，南·迪亚菲德（South Deerfield），马萨诸塞州。[摄影：戈登·帕克斯（Gordon Parks）]

康涅狄格河谷是一处具有悠久历史的人造景观，风景绮丽。59 它是美国优秀的传统文化景观。在我们这一代人看来，这里的城镇、村落和农田景观是十八世纪和十九世纪早期的新英格兰景观的缩影。三百五十年前，第一次探索这座峡谷的人为其新发现欢喜不已，这就是他们日思夜想的地方，是在马萨诸塞州的海岸遍寻而不得的富饶新世界。登陆普利茅斯十六年后，殖民者找到了这个向西的通路；整个十七世纪，大量人口涌入这一地区。

尽管时常受到印第安人的突袭，战乱不断，但是殖民者仍大幅增加，日益繁荣。当牧场和耕地逐渐连成一片的时候，河谷就不再是一个单纯的地形概念了。它成为一种景观，在新英格兰地区面积最为广阔、界定最为清晰的景观。

整个十八世纪，大批旅游者乘马车穿梭于波士顿和哈德逊河沿岸城市，他们经历了马萨诸塞州连绵的森林和康涅狄格州西部的山丘以后，一定分外享受这谷间的田野和散布的村庄。他们在家书或者出版物中常常提到这里聚落别致、牛羊成群和农场兴盛。

对十八世纪新拓地景观最好最为详尽的描述，当数蒂莫西·德怀特（Timothy Dwight）1796 年的作品。其时，他刚被选为耶鲁校长，并决定利用暑假探险纽约州和新英格兰地区。之后的十年里，他确实做到了。在此基础上，他写就了四卷本《旅行》（*Travels*）（最近由哈佛大学出版社再版），成为记录美国景观与新拓地的最有价值的文献之一。

德怀特是一个神学者、传教士，更是一位教育家。他绝对忠诚于清教徒的传统，并且拥护一切美国化的产物。这两种信仰使他对景观的评价观点极为新颖，但也十分主观。他厌恶上纽约州地区所见的边疆地区粗野的、无法无天的社会。尽管如此，他仍然对任何未知的或者未被探索的美国景观极感兴趣，无论多么原始，永不知足。康涅狄格河谷有德怀特的祖父乔纳森·爱德华（Jonathan Edwards）的生动记忆，更有壮美的高山，这一切都让他十分幸福。他将这份赞许挥洒在华丽的长篇散文中。

文中有一段文字描摹了从约克山山顶俯瞰康涅狄格河谷的场景。文中有太多华丽的描述，这里仅引用部分。德怀特首先描写了蜿蜒的宽阔河流，两边是长满树的河岸。之后，他描写了田地、牧场和道路：

60   "这里到处弥漫着整洁和秀美的气息，没有一处破坏光泽的瑕疵，几乎想不到比它们更美丽的景色。当［目光］接触到［河流］沿岸充满活力的城镇，以及整个景观中有标志性意义的教堂；看到茂密、原始的森林，与富饶、文明的耕地形成鲜明对比……而最终，［目光］停留在东北方的诺克山和西北方的马鞍山上，它们约在五十英里外，宏伟的身影模糊可见，远高于其他视线可及的事物。毫无疑问，在这精致而又宏伟的美景前，我们对于美丽景观的渴望得到了满足，我们不再有更多更高的奢望。"

这段文字中，至少有两方面值得注意。首先，从其完整的、毫无斧凿的形式来看，这是一句长达二百五十字的长句，由数个分号隔断。其次，这位十八世纪新英格兰神学家，写出了清教徒对环境和人造景观的看法，这也是最为清晰和最有说服力的描述。介于他对自然超乎寻常的审美，德怀特被认为是美国首位自然浪漫主义者。但是，他对眼前的美丽景观进行的描述立场中立，并没有任何浪漫主义的迹象；甚至没有更多的渴望，没有自嘲或自我否定的绝望。他说，"［我］对景观的乐趣的追求得到了满足"。他大概是从约克山离开的，彼时个性丝毫不受影响。

德怀特试图描述的优美自然风景的本质是什么？对他来说，这些壮丽的景观价值何在？我想，我们可以认为上述景观本质价值在于宗教意义。在上一段文字中，他两次表达了自己目睹完整风景，目睹最高形式的完美。并且他强调景物"弥漫着整洁和秀美的气息"，就像珍宝一样。这使我们联想到奥尔德斯·赫胥黎（Aldous Huxley）在《众妙之门》（*The Doors of Perception*）一书中分析的神秘场景。如果（德怀特看到的）全景的焦点并非正下方河谷的村庄，我们无疑会将更高的完美这个"想法"当作修辞。这里，景观的核心在于：田地、果园、房屋按照一定模式组合，教堂位于中心，四周是森林和高山围成的天然屏障。对加尔文主义的神学者来说，村庄就是虔诚、社区和相互爱戴的象征，是"纯粹的宗教持家之道"。简单来说，当景观反映了所有居民可能尊重的精神或道德典范时，它就拥有了美的本质。因而完美性（perfection）和完整性（completeness）并不在于景观本身，而在于营造和改造景观的动力和精神。这种精神就是为一部分人推崇的清教徒精神，用德怀特的话来说，就是"出于对耶和华的尊敬"。然而，并不是每种景观都具有这样的特性；德怀特对其他形式的聚落颇有微词。他谴责纽约州或佛蒙特州郊野中那些远 61

离城镇的社区，因为它们没有这样的宗教起源。对德怀特和他的同事来说，当且仅当景观揭示或证实了一个符合精神或道义的事实时，它才是美丽的。

上述评价在我们这一代中怕是难觅知音了，但毕竟还有价值。他认为值得称赞的人造景观应是丰富多彩的；它的魅力不会随时间而改变或扩大；它适合于朴素的生活方式。当然，德怀特的人道主义从未歧视普通的场所，也没有通过贬低日常需求来颂扬异国情调、出色风景。它并未使人们厌恶现代社会，或者崇尚古代社会。无论这种人道主义多么缺乏对如画般景观的渴望，它都从未创造孤立的景观；它给生活和工作在这里的人赋予了一种可见的身份，这个身份和一块土地紧密相连。无论如何，这些景观是共和时代早期最美的景观，最为广阔的就在康涅狄格河谷。且不论教会式的外表，这个清教徒的河谷是新的矩形式景观的前身。以1785年的土地法令为标志，新的景观在阿利根尼山脉以西出现。那是一个十八世纪新英格兰式的社区，少数独立的农民在那里居住并自治。杰弗逊和其他人设计出土地形制、城镇空间和分割体系，实际上就是在探寻可以将上述模式推而广之的方法。这种方法目前仍然流行于美国的大部分地区。

事实上，这个关于土地的梦想并未成真。但是，毕竟过了几十年人们才对它死心。况且，我认为它在南北战争之后继续有着潜在的影响。最终代替景观中精神与道德理念的，是工程师的意愿。目前，我们刚刚开始探究工程师景观的起源和发展。我们想了解，工程师的哲学如何潜移默化地影响了我们对所有景观的态度，甚至在谴责工程师时也是如此。

美国的早期工程师伪装出似乎对社区，甚至清教徒的聚落贡献极大。德怀特晚年对新英格兰大范围的堤坝和运河建设表示支持；同时，另一位人道主义传统的捍卫者，艾伯特·加勒廷（Albert Gallatin）发起了一项全国性的自我改进活动。尽管这种改进多数服务于蓬勃发展的商业和制造业的利益，德怀特和他的同道们仍努力探索他们的道德意义。他们不仅创造财富，同时也谴责惰性，传授技术。工程师设计的堡垒、港口、桥梁和道路被视为出于对社区及其福利的关注。德怀特去世不久，工程师进一步修筑铁路，塑造新的景观。但是，即使是这种对景观的改造，看起来依然保留了市政工程一词中暗示的公共性。是他们建设了这宏伟的高架路和桥梁，建设了纪念碑式的宏伟景观，遍及城市和乡村，至今仍然令人印象深刻。 62

然而，到了十九世纪六十年代，当工程师投身于工业领域之时，他们背弃了对公众的忠诚。他们的新雇主极为富有，且充满野心，促使他们成为美国最有力的环境塑造者。但是，他们完全受雇主掌控。伴随着蒸汽工业的欣欣向荣，铁路建设的成倍增加，新的自然资源探索的逐步深入，工程师不再关注人民或者国家的利益，转而关注产出，防止浪费和利用能源。这些能源包括水、煤、气、木材，还有蒸汽和电能，以及劳动力。工程师的斧凿不可避免地体现在美国的景观中，不仅仅有铁路线、煤矿、水电站、油井，还有无数工厂和企业城。即使是高速公路，也在向人们表达工程师的能力：他们可将能量在区域间传输。我们也不会忘记，工程师执迷于丰富的自然资源的耗费，导致了七十年前（二十世纪初叶）的自然资源保护运动。这也是我们目前经济困难的主要原因。

由此，我们不得不面对环境价值的另一个隐含的意义：对工程师和工程化社会来说，当景观中的能源系统畅通无阻、高效运转时，这种景观就是美丽的。非常明显，这种看法和大多数生态学家的观点不谋而合。

工程师不仅仅改变了环境，也彻底改变了全美人民的生活和思想。十九世纪末期，美国的大部分人口已经居住在城镇中。多数美国人已经与乡村景观决裂，他们已然忘记乡村景观在他们的个性和身份塑造中的烙印。我并非暗示新工业就意味着美国物质环境的下降，恰恰相反，许多小农场主和务农人员乐意舍弃贫瘠的土地和破旧的房屋，到工厂从事更轻松的工作，到城市享受更现代的生活。不仅如此，人们还打破或废除了古老的契约；也不再有被教育必须沿袭的劳作模式和必须虔诚履行的职责了。失去和土地的联系，导致人们逐渐失去某种身份。当景观对人们不再有教育意义的时候，谁还能意识到景观的价值呢？进一步地，许多"城里人"发现，所有的景观体验，不论好坏，往往和许多人一起分享，通常是和陌生人。而这些景观，都在公共机构或者公司的管辖范围内，由他们拥有或管理：如工厂、办公室、商店，或海滩、公园、体育场。对此，一般的市民没有也不会产生任何责任感。

我们往往夸大这种对可视性的疏离和丧失的结果。我们不愿意承认，大多数人类品质，能够像培养液里的水生植物那样，尽管没有扎根于沃土，仍然欣欣向荣。但毋庸置疑的是，在过去一个世纪里，工程师引导人与环境形成了一种全新的关系。甚至可以说，两种迥然相异的关系。

对此，一种态度是愤慨地拒绝工程师创造的世界——正如我们耳熟能详的，许多文献中谈的那样——反对工业产生的烟尘、混乱和拥挤，从而逃避到荒野之中；另一种更为普遍和清晰的态度则是妥协，往往被环境艺术类的学生所忽略。妥协于现状，只是尽可能地接受愈加城市化的环境。从学术界以及上层社会流传已久的浪漫传统来看，上述妥协毫无意义，只能默默哀悼那假期拥挤的高速公路、公园、海滩和俗不可耐的娱乐场所。但我们称为人群（crowds）的，其他人称之为人（people）。大多数人将上述活动作为一种全新的享受，而非消失的农业体验的替代品。

无论是接受工程师的景观，还是接受自然风景，我们都表达了一种对环境相同的态度；这种态度实际上就是工程师的态度。景观不再是形成品质的场所，不再是承载传统职责的载体，而是购置或者免费获得特定资源的场所。我们与工程师达成了共识：积蓄物质上或精神上的能源，并以之支持城市的发展。

最后，现代对自然环境的评价还有一个特征，尽管显而易见，但这里也不应忽略，因为它也同样源自工程师的生活方式。在这种特征下，我们与自然的关系少而简单，并且日程固定。这种关系仅仅发生在假期和周末，受城市工作的约束而非季节的影响。因此，与自然的这些联系被渴望，被规划，并将被长久记住。自然环境成为一种体验的场所，而非体验本身。

上述体验的本质是什么？这和传统的野外探险有什么区别？以下是主要的三点：现代景观体验不是孤立的；不是静观的；与关注自我意识的培育相比，它并不将环境看作一种独特现象。

本文无法详述自我意识的探索过程。例如，通过新的运动

64 项目，或者可移动的能力，或者紧密联系于陌生环境：风、坡度、地表形态、水深、高度。我认为一种新的环境体验代表着一种潜在的对个性的珍贵探索。很明显，人们需要一种自然与工程相结合的新环境。这种环境和现有其他城市环境都不同：它不排斥任何其他活动。另外，由于对自我意识的研究有其宗教和神秘的一面，因此务必牢记，孤独并不是必要的，也非人们所期望的。浪漫主义传统认为只有成为隐士才能体会教义，这种看法实际上害了我们。当然，数千人集中在加利利海滩的情况仍然常常发生。只须回忆上千个聚集在波士顿公园倾听乔治·怀特菲尔德（George Whitefield）演讲的人，或数千个聚集在边疆林间的空地上等待一场经典演出的人，或聚集在伍德斯托克音乐会或沃特金斯峡谷的人，我们就能发现，开放的环境能给人们带来与清修等同的体验。

那么，我们必须学会设计提供上述体验的环境。我们似乎又回到了蒂莫西·德怀特的看法：发现真正美的景观应使人们找到更完整的自我。但我们追寻的角色和德怀特当年描述的农民身份大不相同了。这就要求环境作出相应的改变，不能过于窄小，也不能太乡土，也不要太过细化。这正是环境规划师和设计师的职责，探索在何处、以何种方式创造上述环境。目前，我们不乏有参考意义的样本：公路、滑雪坡、广阔的公共草坪、宽广的水面，这些景观表达了空间、自由和随机性。环境艺术可以提高和完善上述空间，并设计新的形式。

由此，我们可以引出景观美的第三个定义：景观之美在于让人能体验自我、感受自我的场景。

偏爱平面空间

犹他小镇的主要街道，可见人们已经不再建设高层商铺。

66 ∟福尔河（Fall River）沿岸废弃的作坊，马萨诸塞州。[摄影：托德·韦布（Todd Webb）]

在美国，有的景观相隔数百公里，但看起来却极为相似，令 67
人困惑。许多美国的小镇，甚至是城市，在平面、形态和建筑上
毫无二致。但凡在这个国家旅行过的人，都会有不少人造环境缺
乏多样性的感觉。许多人试图逃离这种环境，但是他们不能。因
为相比于其他历史悠久的国家，美国整体上缺乏景观之美。

　　然而，我发现事情并不总是这样。虽然我总是不能区别两个
小镇：它们都有一条中央大街，两侧的砖屋鳞次栉比；都有大
片独栋木屋组成的街区，草坪围合房屋；铁路两旁分布着简易的
谷物升降机，高速公路两旁分布着许多便利店……本质上，这些
小镇是相似的。但是，这种相似性有很好的解释：它们都符合
独一无二的美国风格。我认为，上述风格可以称之为"古典主
义"（Classical）。有规律的重复（更不用说偶尔的单调）就属于
古典的特征，它是清晰和秩序的必然结果。但是，上述风格也有
开敞和高贵的意味，这可以解释为何我喜爱新英格兰小镇间的相
似点，俄克拉荷马州或俄勒冈州麦田的相似点，北达科他州防护
林的重复：它们以宏大的尺度向我们展现了"贵族的简约和朴实
的壮观"。温克尔曼 ① 将这些特性与古典艺术联系起来，而我却
相信，上述景观在新世界反而比旧世界更常见。在罗马，哪怕是
最边远的小镇也是以方格网的形式构建的，这成了罗马精神的象
征。因此，罗马的旅行者只要在方格网式的城市中，就很有安
全感。美国的旅行者也有同感，无论何处，都会发现美国风格组
织的空间。人们或许并未关注到这一点，甚至更多关注多元的空

---

　　①　Winckelmann，1717—1768，被誉为考古学之父。——译者注

间，浪漫的糅合；但仍不住为眼前宏伟的秩序感所折服。

由于古典的美国小镇易于解读，人们很快就失去了兴趣。多看一眼也很难有新的发现：在枫树街上再走一段，再参观一间柱廊议会厅，再看另一家悬挂着时钟／温度计并提供免下车服务的银行。但我发现，对这种风景过度熟悉也有一定的好处，它让人变得敏感，能够注意到既有风格的任何细微变化。如果多年来我在观察小镇时收集的证据是有价值的，那么它表明，美国景观的风格，也就是我们组织空间的方式，正面临着显著的转变。

景观的变化是普遍的；在过去的几个世纪里，每一种文化景观或多或少都发生了变化，多数变化缓慢，少数较为剧烈。区别在于，当前我们能够观察到某些变化的发生，从而记录甚至解释它。我们周围到处都是废弃或替代的空间组织；每一处遗迹，无论是在小亚细亚还是美国西南部，都表达了一种过时的乡村或城市景观。但怎么会这样呢？"过时"往往是个模糊的概念；那么在何种程度上场所算作被废弃了呢？人们最初想要什么形式，哪些延续到最后呢？并非所有的废墟都归咎于突发性灾难，相反，大部分是长时间选择的结果。对这些选择的过程，我们一无所知。我们只知道，所有的城市或景观迟早都要消失，其过程和原因通常不为人知。

环境的改变似乎已经成了一种文化，一种值得深入探讨的日常决策的模式。我们可以从美国入手，从那些人们滚瓜烂熟的依据开始，是最容易的。

比如说，有谁没有注意到，几乎所有美国小镇中，中央大街两侧建筑的上层区域正在被废弃？每一年，都有更多的橱窗灭了灯光，不再被关注，甚至其商业外观完全消失。除了底层商铺仍有生机以外，旧式砖屋的二层、三层、四层都不再使用了。不久之前，这里是律师、牙医和医生的办公室，抑或被用作舞厅和注册会计师办公室。现在，金字招牌已不再，甚至楼道与街道相连处也被堵住。总有一天，这些建筑都要被推倒，取而代之的将是一层的建筑或停车场。

由于上述现象过于普遍，我们几乎不曾追问原委。其实大家心知肚明：律师事务所需要更大的空间，医生需要更靠近医院，舞厅则需要更现代的氛围。理由虽然多样，但都表明这些建筑已经过时。

另一种不同形式的废弃解释了铁路两旁的变化。大规模的仓库被空置，工厂被关闭；仅有底层的制作手包的小工厂仍在运转。工厂被关闭的原因很简单：没有人需要铁质的炉灶了，或是工厂搬迁到更有利的区位，比如高速公路沿线。无论如何，这些空间丧失了原有的用途；一段时间以后，它也会在人们的忽略下变成废墟。

另两个反映变迁的例子，也教给我们同样的道理。远离美国传统中心城镇的地方，有一种居住区，绿树夹道，阳台开敞，草坪宽阔。当我听说这个地方的时候，这里住着最为富裕的家庭，是整个小镇里人们最向往的地方。但现在，超过半数的别墅被改造成了公寓。一层住着一位小学教师，另一层住着一对退休夫妇，阁楼则住着三位学生。而女房东则占据着地下室。空旷的橡木门两侧，列着四到五个邮筒。草坪缺乏护理，长势杂乱。原来的业主不是去世，就是已经搬到更为宽敞的郊区去了。

69   最后一个典型的案例是：在城市街道连接乡村公路的地方，
开放型的农村突然开始形成。那里有一片农庄，有着广阔的田
地，附近还有一座大型的谷仓棚。不久之前，它被用来存储粮
食，容纳牲畜，等等；但最近，它看起来要被废弃，或者被用作
临时车库。支持仓库的两个贮窖也仿佛随时会倒塌。与此形成鲜
明对比的，是谷仓后的一栋栋新建筑，形状狭长而低矮，金属屋
顶闪闪发光。

　　我们无须被告知这些令人沮丧的变化的重要意义。我们也不
需要了解废弃带来的更多的空间重组的例子。同时，另一种变
化也引起了我们的注意，那就是城郊田地里轰轰烈烈进行着的房
地产开发项目。项目发起人称之为精心规划的居住社区。例如，
"草原风光"项目将容纳大约五十栋完全一样的住宅；它边界僵
硬，占据着一片平坦的土地，那里几年前还是一片玉米田。整个
项目基于路网布置，道路蜿蜒，不知通向何方。色彩鲜亮的房屋
新近完工，尚不足以形成个性；并且，这些房屋没有花园，仅有
的树木也只是细小的幼苗。当然，项目本身还是有一定特点的：
它轮廓分明，形式清晰，秩序井然，与自然环境格格不入。在我
看来，"草原风光"项目是经典美国风格的真实写照：简单，易
懂，没有过度的奢华。这种形式单调、想象力缺乏、景观多样性
缺失的设计往往受到人们的批评。然而，类似的居住区却在美国
遍地开花，例如十七世纪的普利茅斯，又如边疆地区的村落、铁
路沿线城市、工业城市，都是如此。是我们出于本能创造了这些
城市。

　　因此，从某种程度上来说，"草原风光"项目只是美国古典

主义建筑的复本。区别在于，这些建筑的高度没有超过一层的。这样看来，在这些建筑中，传统建筑的楼层空间系统——即使最简单的美国古典住宅中也有所表现的贮藏室、地下室、阁楼空间——都消失了。

所以，住房的开发也是空间变化的一部分。但是具体表现在哪里呢？作为高效率规划下的"草原风光"项目，如何反映了城镇其他空间在衰退中的挣扎呢？多层的市中心建筑被废弃了；多层的居住建筑转为一系列单层的公寓；多层的谷仓及其贮窖也被废弃了，人们更偏好于一层的混凝土建筑。因此，新建的建筑都只有一层。能否用一个理由解释上述所有现象？

显然，平面的空间组织和立面的空间组织相比，美国人更欢迎前者。

更确切地说，美国人更喜欢平面的构图。这一点从技术原因上来解释再明显不过了。高效的办公场所被看作是信息流系统。这样的系统在水平状态下最为高效。工厂的生产也一样，现代 70 技术和装备的产生已经大大减少了垂直的流动和水平的障碍。对此，没有什么比现代农场更好的例子了。现代机械和电力的引入大大推动了水平方向的建设，使得垂直方向的设备面临废弃。目前，现代居住遵循的高度机械化模式，同样也是水平结构。水平方向的移动为人们所偏爱。

很多地方都能发现限制垂直空间的明显现象。但是，城市的高层构筑物越来越多。乍看之下，这似乎是一个重要的反例，但在我看来，这只是另一种水平结构，只是更为复杂罢了。现代的多层办公建筑与早前的形式不同，本质上，前者是一片大型的连续的水平空间。建造技术的改良使得这种空间变得可行。新高层建筑与旧高层建筑外部形态的相似具有欺骗性。

空间的变化还在进行中。虽然这种变化主要发生在城市和工厂，但小镇也受到一定的影响。在水平尺度上，前者产生了以煤矿为代表的典型案例；后者则有超市、购物中心、汽车旅馆、一层混凝土结构的中学和一层的医院。不论上述构筑物现在有多常见，它们都新近建成或正在兴建，用以代替原有的垂直建筑。无疑，农场里延伸的壕窖预示了水平方向小麦运输器的出现。对这种替代品来说，景观将是贫乏的。

我并不确定技术是解释上述变化的唯一原因。从美学角度，也可以提供解释。显然，美国人正以一种全新且尚无定型的方式感知景观。机动性的增加，不论是高速公路、滑雪场还是水面上毫无阻碍的速度体验，都让人们敏锐地感知水平空间，认识到许多景观的变化能给人带来乐趣。

这些破碎的、实用主义的变化，正是我们在探索美国景观时需要寻觅的。它们广泛存在，却往往并不明显。不久之后，它们将随处可见，被当作一种普遍现象。我认为，这意味着美国传统的一致性和古典的相似性不会被改变。事实上，反而会被强化。平面性也会被纳入民族样式，成为普遍的美国特性。没有比美国更好的研究景观变化的场所了。需要注意的是，我们应在恰当的思维框架下进行。这在很大程度上显示了美国景观的独特方面：一种与欧洲大相径庭的景观。

乡村的新成分：小镇

72 行政大楼和方格网状城市布局鸟瞰，得克萨斯州。[摄影：莱斯特·威廉姆斯（Lester Williams）]

十七世纪，当英国人到新世界生活时，他们并不以规模、密 73
度或财富来区别城和镇，而是以居民点的职能。城市被视为权
力的所在，那里坐落着以教堂为中心的重要政治机构。城市是以
权利和地位划分的等级社会，是社会财富的象征，是高贵和永恒
的象征。这也是总督温斯洛普（Winthrop）希望教会殖民地成为
"山上的城市"的一个理由。

因此，波士顿最初建成时只是一个小镇。小镇就像是一个教
区，是一系列农场或居住区的组合。而一般新英格兰式的小镇，
从理论上讲，是一片相当大的农用地，面积为 36 平方英里。范
围通常不仅包括许多农场、农业庄园，而且也有几个小村庄。在
马萨诸塞州西部有一句谚语："蒙塔古是一个镇，是村庄让蒙塔
古无法成为一座城。"

在弗吉尼亚州殖民地，村庄很少，人们的住处相隔很远。在
那里，城市指的是拥有政府机构的聚落，不论大小。按殖民者
最初的设想，这里应有四到五个这样的城市，包括亨里克郡、伊
丽莎白郡、詹姆斯敦和威廉斯堡。只是他们用不同的方式来命
名城市，如"在詹姆斯敦的城市"、"在亨里克的城市"。美国
人，尤其是南部的美国人，对于地名的认识往往令人困惑。弗吉
尼亚有一个伊丽莎白城市乡村市政中心（Elizabeth City Country
Courthouse），这几乎和巴尔的摩的路名一样令人费解，比如查
尔斯街道大街大道（Charles Street Avenue Boulevard）。我们起
名的方式，毫无疑问，体现了我们对城、镇定义的区别。通常，
我们会发现一些称为"城"的商业场所，如洗车城、贸易城、别
克城。这样的称呼暗含深意：当一个地方聚集了某种服务或商品

时，那里就被称为城。

或许，我们会将城市定义为商品和服务异常集中的场所。很难获得小镇（town）的现代定义。其实，说起小镇，我们通常指的不是它本身，而是作为社会和文化实体的小镇，一个有着特殊的社会、经济、文化特征的特定类型的社区。然而，场所的大小仍然和定义无关，小镇（small town）和乡镇（county town）往往是通用的概念。我想，能否先试着将小镇定义为同周边乡村有密切联系的镇。

早期，弗吉尼亚州低地被划分为很多县。这些县规模很小，人口稀疏，但每个县都必须有一个市政中心。市政中心最适合放在哪里呢？最佳的解决方案是尽量接近县的中心位置，或者重要的公路交叉口。因此，早期的定居者在无意识的情况下创造了最为宜人的殖民地景观：空旷的乡野中，矗立着整齐砖墙的市政中心，周围有草坪和大树。弗吉尼亚居民居住相隔较远，中间隔着河流和沼泽，以至于很难去拜访邻居。尽管如此，那时的弗吉尼亚人民仍然喜爱社交并且具有社会意识。每月的县级法庭开庭、年度选举、交税，都让人们聚集在市政中心。厌烦了孤独的家庭生活、厌烦了耕种烟草的男女老少，从乡村的各个角落赶来，把这段日子当作假期，见一见他们的朋友。他们有的是猎人，有的是伐木工，有的是农民，或者是富有的农场主；交通工具也很多样，或坐马车，或骑马，或步行。他们还清债务，并且买卖货物，小至锄头大至田地；如果当时有选举，他们也会停下来聆听演讲，享用候选人提供的免费酒水。

弗吉尼亚殖民地的人民热爱他们的市政中心，就像新英格兰人热爱他们的教堂一样。但是，市政中心成为重要的景观要素，并不是因为人们聚集在那里举行庆祝活动，而是因为它本质上是一个政治机构，那里是人们商议问题、讨论县务的场所。从这个角度上讲，市政中心等同于城市（city）一词的古典涵义，即居民团体。

这种用以聚集居民的市政中心，是城市的一种，它具有社会等级：区分有投票权或者无投票权的人，有办公室或者没有办公室的人。它管理着一群富裕、有地位的人，与此同时，也管理着占多数的贫穷、没有社会地位的人。

弗吉尼亚人很喜欢市政中心，因此当他们开始迁移到现在的肯塔基州和田纳西州周边居住时，他们也一并引入了行政大楼这种形式。很快，新的景观出现了，有了新的郡和木制的行政小屋。不久以后，新定居者和投机者开始建设小镇，作为服务中心。农民们已经开始种植经济作物了，他们需要交易市场；土地的交易和不断涌入的移民需要律师、调查员，以及国土局办事处等职能部门。人们也需要教师和牧师。因此，许多新规划的小镇中，市政中心是非常必要的。

早在十九世纪，在美国南部，就出现了设置新城（new town）作为市政中心所在地的实践。房地产开发商和投机者在镇中心留出一个街区的土地，通常捐赠给当地社区作为市政中心。最终，一个围绕市政中心建设的典型南方城市出现了。

几年前，普赖斯（E. T. Price）对市政中心镇进行了出色的、完整的研究。他是俄勒冈大学地理系的教授[1]。在美国，县的数量超过 3000 个，每个县都有其县城和市政中心。普赖斯教授的 75

足迹踏遍了上述所有乡村。他发现，市政广场有许多不同的类型。在费城、俄亥俄州、西弗吉尼亚州和肯塔基州，市政中心往往坐落在两条道路的交叉口，比如十八世纪早期的费城或兰开斯特市政广场。南部县的市政广场只是位于镇中心的一个街区，其周围都是统一的方形街区，因为镇中心被认为是广场布局的合理位置。1819 年，田纳西州的谢比维尔（Shelbyville）市政中心被安置在小镇中心或附近的一个单独街区内，就是这种空间的第一个案例。

几十年后，谢比维尔模式的规划被广泛应用，北到爱荷华州和密苏里州，东至南卡罗莱纳州，南达德克萨斯州，都可以见到。其中，在德克萨斯州，我们看到了这种模式的最美范例。任何曾经在美国中南部或南部海湾旅行的人，都会很熟悉市政中心小镇。行政大楼上顶着塔楼或者拱顶，成为周边空间的中心，其墙体基本是石制或砖制的。他们是十九世纪公共建筑的优秀案例，但如今许多被破坏了；尽管我一度非常遗憾这些破坏的发生，但也不得不接受这样的现实。哪怕是十到二十年前的行政大楼，也有着纪念碑式的重要性，一两代人后也会成为建筑史学家们的研究对象。

在旅途中，我见过不少围绕市政中心而建的小镇。我想，它们曾扮演过和弗吉尼亚殖民地市政中心相同的社会和政治角色。当然，现在它们周围变成了城市。我认为，作为集聚的空间，镇区规模越小，小镇的市政中心效率越高。中心大楼周边的广场被当地的小型零售店包围；电影院、小旅馆、理发店、咖啡店及商人享用午餐的饭店，都分布在周围，而且附近的路口总有银行。

闲散的男士，且主要是老人，常常坐在行政大楼前阴凉的台阶或
座椅上。女士就不多见了。建筑周围的草坪上矗立着纪念碑。无
论建筑样式上多么简单或无趣，行政大楼始终占据主要位置。在
美国，这种景象是如此高贵典雅、赏心悦目、如诗如画，城市中
再也没有类似的景象了。

　　然而，我需要再次重复我对弗吉尼亚州市政中心的看法：在
十九世纪，市政中心的重要性在于它是市民聚集的政治机构。当
然，它对城市的经济也很有帮助，它让周边乡村的居民办事或纳
税，提供了周末市场的空间，以及零售业集聚的便利场所。但更
重要的是，这是一个议事的空间、一个演讲的空间、一个节庆活
动的空间。总之，这是小镇不同社会成员的舞台，政治家、商
人、律师等社会人物在这里进进出出。他们互相观察对方，同时 76
保持合适的距离。这里不仅仅是小镇的中心，也是周边景观的
焦点。

　　我所描述的是过去的景象。所以，引用克里夫顿·约翰逊
（Clifton Johnson）七十五年前的文字也无不可。他是一位四处
采风的摄影师，撰写了许多优美的文字，并出版了多本书籍，记
录他在世纪之交的美国乡村之旅。这段文字描述了典型的美国阿
拉巴马州小镇：

　　　　"小镇有宽阔的街道，平静而祥和。镇中心是宽阔的公
　　共广场，周围环绕着砖砌或木构的商店，以及律师事务所，
　　等等。这些构筑物一般是一层或二层高，并且门面及路缘往
　　往会精心装饰，有一个宽敞的屋顶。在屋顶的支柱和步道之

间，往往有一张厚木制的长凳。步道是非常重要的，却常常因为陈列着形形色色的物品而被阻塞。这里你可以找到大量的威士忌空酒瓶，以及其他的酒器。方盒凳、木凳和各式的门前台阶、长椅都是闲适居民的驻地。他们喜欢坐着思考，喜欢与朋友交流的那份闲适……比店铺的附属空间更具有贵族式闲逛气氛的，是市政中心门边的座椅。人们可能是无意中塑造了这样的空间。无论如何，每到天气晴好的日子，乡镇的富人们需要沉思或讨论问题的时候，就把座椅搬到大楼和大树的荫蔽下……从市政中心透过商业广场巨大的树冠眺望远方，平静中兼有古典贵族式的高贵。这里通常是十分安静的。小镇的生活并不总是充满活力。许多商店没有广告牌，我甚至常常听到店主在休息时间演奏吉他、短号或提琴来消磨时间……然而周六除外。那天是举办集市的日子，公共道路熙熙攘攘，拴马桩上都是骡子和马匹。其中有很多牲口没有上鞍，其他系在交通工具上。这里还常常能见到牛群，甚至有一次，一位黑人牵来了一头装套着手工连接杆的公牛。"[2]

我还记得早些年的旅行中遇到的许多类似的小镇。我记得那些漂亮的、宽敞的居住区道路，绿树成荫，白屋围合。屋子的门廊十分好看。镇中心往往是小型的宗教学院。学院由老式的砖屋围合而成，破败不堪，学生在这里生活就像度假一样。学院往往还有十几片农田，用来种植玉米或干草。山脚下车站的对面是一丛丛杂乱的葡萄树，一条宽阔的河流流过，男人们整天在那里钓鱼。我记得广场上的饭店里提供美味的南方食物，还有周三晚上各个教堂里传来的吟诵声。最重要的是，我感受到快乐和完美，看到人们生活富足且行为端庄，仿佛这个小镇已经完成了她的使命，不再需要扩张和改变了。

然而，在美国，不再扩张和改变意味着衰退和消亡。这种自相矛盾出现于何时？毫无疑问，当乡镇不再扮演"城市"的政治角色时，危机就已经暗藏。但这已是几十年前了。让我给大家讲另一种形式的市政中心或县政府所在地，这可能不为东部的旅行者所熟悉。

我指的是高平原乡村近几十年里建筑的新型小镇。当然，它们很新颖，但不如老式的漂亮。在德克萨斯有无数这种县，具体数目是254个。其中大多数都很小。跨越十个县的大牧场在这里就有十个，比如著名的 XIT 牧场。还有许多中等尺度的县散落在堪萨斯西部、新墨西哥东部，遍布整个高平原以及山区，直到加拿大边界。它们中的多数人烟稀少，直到近年，那里的人们还是从事畜牧业和小麦种植。多数人口聚居在县城镇或附近。这样一个小镇约有五六千人。然而，过去二十年里，这些小镇再次充满活力，并繁荣发展。这往往归功于油、气、铀或煤等自然资源的开发，或者是新型灌溉工程的发展，或者是军事基地的建设。

这些小镇和东部的有所区别，它们是相对有序地发展的，并在一定程度上成为一个有希望的社区。在许多方面，它们像极了传统的南部县城。但有趣的是，他们发展了新的小镇形态，甚至发展了一种全新的生活方式。因为它们不再，也根本不打算，行使传统城市招徕市民的作用。

除了一些小规模的、繁荣的、半郊区半城市的居民区以外，它们都没有脱离美国既有的方格网模式布局。何况那里地势平坦又没有树木，方格网就更明显了。那里的道路比传统的乡镇道路更宽，且只有两三处拥有传统的街名。东西向以数字表示，南北向以希腊字母表示；当然，有时也会反过来。大约有数十处同样的方形街区，周围由简洁的方形单层房屋围合。这些房屋都有华丽的绿色草坪，前方往往停靠着小卡车。成排的小型中国榆树和俄罗斯橄榄树在微风中摇曳。经过一段时间，它们或许会长成一定尺寸的大树，但目前来看它们只能投下一片小小的阴影罢了。只有沿车站向下，铁路线以外的老镇区，才能看到这里半个世纪前的景象。那时，这里只不过是一个村庄，村里的居民在铁路上工作。现在，街上立着的是已经荒废的木屋，四周有高大的树木，院子里满是三轮车和老式自行车。不管在哪里，周边都有开阔的视野。有时也可以看见油泵慢慢地点着头。视线所及几乎没什么色彩，但是在一片云彩遮住阳光的时候，就会出现明暗的强烈对比。

78　　　有三四个街区，沿中央大街两侧分布着零售商铺。相似地，市政广场（沿袭南部传统，位于镇中心的街区）也分布着小型的、朴实的单层建筑，如邮局、报刊亭、银行、美容院、男装店等。它们或许算不上精彩的建筑，但都是实用的。正如我们熟知的，在美国，小镇甚至小城市的商业区，已经不再需要三层或是四层的建筑了。没有一家小型商业、办公室或办事处愿意坐落在几十级台阶之上。在传统市政广场，旧砖房的二三层窗户被空置或被木板封住，多么令人失望的景象。高平原上的新型小镇试图避免这种困境。我认为，参与设计或再设计以复兴上述小镇中心的建筑师，更倾向于设计一层的办公室或商铺，赋予它们某些风格，而非试图保持或重新安置仅存的少数两层或三层建筑。

而行政大楼本身，它的独立和体量塑造了高贵的形象。事实上，它是镇上唯一令人骄傲的建筑。尽管如此，行政大楼本身的现代性让它们超越了当代一般的公共建筑理念。它们不再被设计成宫殿或纪念碑式的公共建筑，而是没有拱顶、塔楼抑或罗马柱的办公大楼。大楼周围的开放空间种上了绿草，而少有雕像或纪念碑，甚至没有任何历史符号。对此，我不得不提到几十年前的一项运动，毫无疑问是经过精心策划的：人们将一版五英尺高的自由女神像的复制品，献给每一个参与了一战的小镇。美利坚男童子军组织了这项慷慨举动。但随着岁月的流逝，许多雕像都腐坏了，有的甚至连头也掉了。我想，不久以后，它们就会统统消失的。造成这种局面可能是因为雕像不仅不能提供荫凉，还与步行交通相隔绝，雕像广场也不适合遛弯儿。新的行政大楼没有任何符号上的意义。小镇天际线上突出的是粮仓、汽车电影院的大屏幕和水塔。入夜以后，除了中央大街上的蒸汽灯和汽车旅馆的红绿广告灯以外，这里就没有其他亮光了。

这里有任何古老或者如画的风景么？我想没有。没有任何可识别的古建筑，没有什么值得保护或者恢复的。最老的住宅大约可追溯到1910年，他们要么以保护完好的殡仪馆形式存在，要么即将倒塌了。通常在这种偏远的、与世隔绝的小镇，州际公路从中央大街穿过，以创造交通繁忙的假象，并提供一定的免下车商业服务。但通常也会有一些小镇，我们以每小时四十五英里的速度直接开过，甚至不会注意到它们。这些小镇只是阳光下空旷原野的一个偶然的点缀。

79　　　无论如何，它们有一些要素，看起来有效地营造了社区生活景象，我认为这些要素是可以被提倡的。如果说行政大楼不是最重要的集会场所，倒也还有几个替代品。由于松散的空间布局，小镇有许多空间具有成为运动场和公园的潜力。通常，这里还会有一个维护不善的马术竞赛场，以及学校提供的足球场、棒球场和非正式的野餐区。无可否认，商业中心是每个美国小镇的重要景观。但在这些西部的小镇，景观往往大不相同。在那里，开阔的停车场和商店前的檐篷成为社交的空间，甚至成为流行活动的场所，如圣诞老人坐着直升机而来，以及候选人的演讲和新款车型的展示。在商店的橱窗里，你可以看到各种广告：烘焙品销售，车库转让，复活节活动以及芭蕾课程。

　　　最后，还有一种集聚空间，是历史悠久的传统小镇中不具有的，即中央大街两端，沿着公路两侧发展的带状空间。这种带状空间令人讨厌，往往不仅混乱，还效率低下。它的低效与混乱会干扰居民，引起不满。虽然具有上述种种缺点，带状空间还是在美国社区中发挥了重要的作用。显然，小汽车在我们生活中有十分重要的地位。尤其在乡村和城乡结合区，我们更加依赖这种交通工具；没有它，我们几乎无法生存。必须有这么一个场所，它可以为小汽车和卡车提供服务，可以购买或出售它们，可以进行全方位的保养。在我们谴责带状空间的无序状态之前，是否该扪心自问，难道我们更希望它分布在小镇的各个角落么？修理店、销售中心、仓库，人来人往，吵闹、肮脏、拥挤，且需要大量的空间，那么，把这些相关的设施安置在一条本已有许多交通的大道两侧岂不是更好么？

进一步来看，带状空间不仅仅是为小汽车和卡车提供销售和服务的场所。在美国，高科技大规模进入城郊，从而使郊区迅速成为专业化设备的销售和服务场所。因此，我们在这里可以找到专业化的技术。这里也是各式各样的、机械的农场设施陈列的地方。在开矿、钻井、灌溉和大规模建设的区域，这里往往是提供工程服务的地方。镇外的工人或者工头到这里来寻找有才干的人，来帮助他们维护或者修理设备。或许，说带状空间是专家的聚集地有一些过，但这里恰恰可以给我们提供特定的技术和特定的产品。这些小镇本身并不需要，但都是乡村的必需品。我们看到，实际操作人员、机械师和工程包头沿着带状空间集聚的现象 80 越来越多，旅馆和饭店总是挤满了来镇里寻求帮助的人。许多旅馆甚至成为小型会议中心，人们交流技术界的新想法、新问题和新的解决方法。这是镇子里最活跃的区域了。带状空间往往规划合理，设备精良，适应性强，正是这些特点让新型小镇保持对外地人的强烈吸引力，并与乡村经济保持联系。最重要的是，这样的带状空间能给年轻人提供工作。

带状空间不仅仅是汽车经济的所在，更不仅仅是技术中心，它也是年轻人娱乐的场所。我想，是在南部地区，人们首先发现了带状空间的吸引力，年轻的一代学会了在免下车商店之间来回流窜，打发闲暇时间。这种"刷夜"的方式有些吵闹并且奢侈，但不失为一种小镇上年轻人的娱乐形式，这种方式我们能够提供。这难道不是对古老马背文化的一种改进么？根据我们的认识，马背文化是一种落后的、声名狼藉的文化。它聚集在昏暗的弄堂和马厩，肮脏、低效，并且往往充斥着性格阴郁的人。它是一种广泛、但为人所不齿的存在。带状空间就不一样了。吃垃圾食品和四处炫耀虽然不是有益的消遣，但至少是相对无害的，他们没有任何偷偷摸摸或鬼鬼祟祟的举动。有人建议，娱乐和过渡性住宿的功能应该从作为工作和商业的带状空间中隔离开来，这是有一定道理的。但在我们着手控制或消除带状空间之前，我们必须分析它的优势与不足。

　　这些新型小镇没有任何文化渊源，而且（必须提出）没有明确的发展趋势。如果说它们有任何值得发扬的品质，那么我们应该欣赏它们宽敞的街道、巨大的停车场、低密度的社区和开阔松散的布局。我想镇子的带状空间的发展，在向我们展示组织城市工业区的新方法：沿铁路集聚的必要性。高平原上的这些小镇的第三项优势是它们的住房。在这里，临时或永久的工作人员住得比他以前的社区好。这并非任何政策或项目运作的结果。这主要是因为，一方面，这里的土地一度很便宜；另一方面，在较冷且更多变的气候下，住房须造得很结实，且提供种种设施。与东部或南部的老镇相比，新镇很少给非技术人员建设专门的住处。这让我想到，密西西比的格林伍德地区具有纪念意义的盒式房屋。一片片的单层木屋，一间房宽、三间房长，居住着棉纺厂的低技术工人。而现在，住的都是黑人。在81　刚建成的时候，它们看起来数量合适，至少在建设者眼中如此。然而在西部，新建房屋要么是预制的、转运的各种木屋，要么是水泥混砖结构，因为当地没有廉价的木材。目前，解决人口增长的方法是可移动的住宅，也被称作房屋产品。这种住宅形式显然不会受东部人的欢迎，但上述活动房屋式社区的出现也并非有碍观瞻。因为它是一种更好、更优质的住房空间，满足了对象群体暂时的需求。可移动房屋组成的邻里往往会消失或重组，而非再造一个低劣的贫民窟。

我正以保持小镇的活力为标准，讨论东部和南部新型小镇的性质。我希望这是可能并将实现的。同时，我们还需要考虑哪些传统的特征——社会的和环境的——最适合移植到西部地区，并能长久维持。我想到的，必须在任何一个新城中纳入的几个传统特征有：一种自给自足的、独立的大都市模式，一种稳固的、友好的人际关系；对周围乡村环境及其居民的亲密与深切关爱；最后，是对当地历史和纪念物的尊敬和共荣意识。

另一方面，有许多旧式的习惯显然不应该被沿用下来，如壕沟围合和种族歧视，对旧式低效农业的依赖，对实验科学的抵触和对早已消失的过去的沉湎。

仅从物质空间上看，西部所有的新型小镇都将拥有更大的规模和更多的人口。一代人前，人们普遍认为，一个小镇的自我维持需要这些设施的综合运作：学校、医院、超市、电台和各种各样专业人士，以及贸易。而要支持上述设施也仅需一万人口。我想这个数目在今天需要翻一倍。一个原因是镇和乡村的基本关系发生了变化。乡村扮演着不同的角色，而且需求扩大。现在，那里既是许多劳动力工作的地方，如建筑、加工、采矿、高度机械化的农业；也是许多人休闲的地方，如钓鱼、划船、打猎、猎石、野营或探险。尽管有上述变化，传统的定义维持不变：小乡镇是一个人们相邻而居的社区，大家一起自由工作，一起庆祝，通过与乡村进行紧密和经常的联系，可以让这个社区的存在变得更完美。它使人们变得更加亲密，融于乡村环境，从而成为更加完美的社区。

乡　　土

84 小镇外围的街道，库欣（Cushing），俄克拉何马州。[摄影：哈罗德·科尔斯尼（Harold Corsini）]

建筑界对乡土建筑（vernacular architecture）的兴趣与日俱 85
增，而公众也开始倍加关注丰富的乡土遗产。种种迹象表明，是
时候研究乡土的本质及其历史发展了。

"乡土"一词通常意味着农家、自产和传统。而乡土与建筑
连用，指的是传统的乡村或小镇的住宅。那里往往居住着农民、
技工和职员。目前，人们理解的乡土建筑是由技工而非建筑师设
计的建筑，是由当地的技术、材料建造的，并考虑了包括气候、
传统和经济——主要指农业经济——在内的当地环境。由此形
成的建筑往往朴实无华，遵从本地形式，而极少受外来风格的影
响。它与流行无关，且在广义上也很少受时代的影响。因此，常
常用"永恒"（timeless）来形容乡土建筑。

上述定义很大程度上出自建筑师或建筑史学者的手笔，因而
较重视形式和技术，而相对忽视功能，忽视房屋与工作和社区的
关系。实际上，建筑学家被认为是乡土的发现者，并对其特征进
行了大量的前期研究。目前的定义一直以来切实可用。然而，我
们也必须注意到，上述定义来自十九世纪中期文物收藏者对乡村
的探索，以及那些对城市、工业生活持不满态度的人。之后，乡
土建筑的研究很大程度上受传统人造空间的心理学派和神秘主
义观念的影响。这主要归因于荣格（Jung）、伊利亚德、巴什拉
（Bachelard），甚至是海德格尔（Heidegger）的描述，但他们大
多忽略了建筑的经济或政治特性。

当然，其他学科也参与了乡土的研究。地理学家、社会史学
家、考古学家参与了大量研究工作，并且给予乡土更为宽泛、平
淡的定义。这些方面都是我们无法忽视的。简而言之，他们论证

了乡土建筑——尤其是欧洲的——有自己的历史，与正统的建筑决然不同；他们指出，乡土建筑是漫长而复杂的演化的产物，远不是永恒，远没有被古代的建筑类型限制。

我们美国人主要关注的，是欧洲乡土建筑史中最新的篇章，大约始于十六世纪（但通常认为这个时间点是十九世纪中叶）。十六世纪至十八世纪早期，曾被认为是所谓"永恒"的乡土建筑的全盛时期，实际上却是巨大的转折时期。不仅住房的设计和建造，还有其经济、社会功能，以及标准定义都在发生改变。原因是，这一重要时期恰逢亚特兰大欧洲的首批殖民者抵达北美。他们带来了乡土建筑的革命。可以说，正是在新世界，这一革命一直持续至今。

我们无须在此讨论这场革命的起源。只需记得英国的圈地运动，木材的日益稀缺，遍布欧洲的社区规划运动，产业革命，以及菲利普·埃里斯（Philippe Aries）所说的"发现儿童"。上述事实都告诉我们，时代需要一种容纳新用途的新式建筑。在欧洲出现的上述建筑形式已经不同于我们仍在使用的、流行的学术定义。乡土建筑不仅仅对应于乡村、农业，也对应于矿工、搬运工群体，或对应于建筑师／工程师规划的具有军事或政治功能的城市和乡镇。最后，它使用外来的材料和技术建造；但在建筑意义上，它仍然被归为乡土建筑，因为它供农民、技工、职员居住，并且现在仍然如此。

这些新奇的事物被拓荒者和殖民者带到了美国。是什么让这种外来的"乡土"逐渐有了美国特色？正是美国有丰富的木材、广袤的土地和迅速增加的年轻人口，以及十分稀缺的技术人才。

在上述新、旧世界因素的相互作用下，产生了新的乡土风格：以家庭为主，远离工作场所的短期或临时住所。这种住所不受传统社区模式的束缚，运用新的建筑技术，形成新的环境关系。

我们能用上述或类似的特点，来描述美国乡土建筑的历史么？我认为可以。那些暂时的、可移动的房屋，自殖民时代起，就是美国景观的一部分。作为以子女为中心的家庭住房，不论城市和乡村，都加入了新的要素，增加了房间的数量，引进了新的设施，并增加了便利性。这些改进远远领先于欧洲。美国的乡土住房被设计成一个微景观体系。它对社区的依赖并非政治上的一体，而是服务上的需求。对此，我们开发了相应的非行政聚落模式：郊区、企业城[①]、移动法院、度假区，以及私人公寓房。

美国乡土建筑带来的结构更新覆盖了建筑史的各个方面：小木屋、轻型木构架房屋（balloon frame）、盒状房屋（the box house）、预制房屋（ready-cut house）或预构（prefabricated）房屋，以及可移动的房屋。不过，几乎每一位美国居民，都对自己的房屋进行了室内或室外的修缮，仍有待历史学家进行研究。多亏了使用木材的传统，以及电器的引入，我们成了充满业余木匠和电工的民族，乐此不疲。

最后，我希望指出现代美国乡土建筑的一些不足。相比传统的、前工业时代的住宅，现今住房的精神性和文化性正在消失。我们近乎狂热地创造"景观"，在住宅乃至城市里，打造仅能用于健身和娱乐的景观，完全没有内容的景观。我们也能简单创造

___

① 企业城指一种特殊的城镇，那里绝大部分或所有财产均属于某一企业，包括地产、建筑、设施、医院等所有财产。——译者注

出简易的、毫无差异的建筑组成的临时社区。因此，对美国乡土的研究应该有一部分用于指出上述错误，并提醒我们关注过去，学习避免上述现象发生的方法。同时，我们也必须客观严谨，避免主观随意的臆断。对日益丰富的乡土景观进行朴实的、谨慎的、合理的研究，有助于我们更好地理解美国的日常景观及其起源。

可移动房屋及其起源

[罗德·霍尔（Rod Hall）为 NTC 有限公司拍摄的图片]

一个词的起源往往可为它的用法提供新的启示。以住处 91（dwelling）为例。比如当我们用住处指代房屋（house），即将它用作名词的时候，我们指的是"居住的场所"。它的动词（to dwell）则有截然不同的涵义。有一段时间，它意味着犹豫、徘徊、拖延，比如我们说"他在这个并不重要的问题上纠缠（dwell）太久"。"to dwell"类似于停留（to abide）（abide 是 abode 的词源，后者指住宅），意味着暂停、停留一段时间；并暗示我们最终还是会继续上路。所以，住所似乎就该是临时的。我们暂时寄居一处，只是因为许多外界因素的影响。

在一个地方"住"多久才算是住处呢？这个问题也许无关紧要，但我认为需要回答。我们住的时间应足够长，长到变得很习惯。当一个地方变成我们习惯的场所时，它就被称为住处。在那里住一夜或两三个晚上则不然。只有当我们拥有稳定的工作或入校学习时，我们的住处才成为经常的、习惯性的生活的一部分。

这种定义方式与其他语言中动词"住"的用法有关。在英语环境中，我们说"生活"（live）在某地（很难解释原因）。而法语和德语中还保留着与"住"相当的用法，我们发现这很有价值。法语不用"你生活在哪儿"，而用"你常住在哪儿"。就如德语不用"你生活在哪儿"，而用"你习惯在哪儿"。两种表达都暗示了"居住"这一行动。事实上，它们也同习俗（custom）或习惯（habit）这类的字眼紧密相关："habitude"，"gewohnheit"。

上述用法暗示了习惯从居住功能的分离。习惯和习俗也是很重要而且令人愉悦的，但并不是我们生存必需的基本要素。因此，尽管它们被采纳，被需要，但当我们厌倦时就会被抛弃。临时住处也是如此。无论它有多么舒适、便利，一定有那么一天需要改变，这时，便是将其出售的最佳时间。离开的原因也可能是工作的需要，邻里的衰退，孩子的长大和离开。从而我们需要寻找另一种住处。而既然其他人也有同感，另一处合适的住所也就并不难觅。

进一步，我需要指出，尽管家和住处的所指有时重叠，它们是两个截然不同的概念。这对所有的现代美国人而言都是再明显不过的事实，但我相信，有一段时间人们并没有清晰地将之区分。

由此，我们来看第二个词：动产（chattel）。这是一个与私人财产有关的词汇，可移动的财产。这个词与牛（cattle）或资本（capital）有关，但与牲畜的联系最为久远。远在罗马时代，所有的土地和权力属于家族、部落或宗族。唯一属于私人的只有少数牛（或羊）。农民可将其牛放养在公有的土地上。这笔财产令人垂涎，因为所有者无须向集体汇报就可以自由处理。牛可以不断繁殖、购买、出售或给任何一个由他指定的子女。牛是可以议价的，并且可以被转换成现金。这种可议价性的首要前提是其可移动性。所以，它具有两类重要的自由：独立于社区的权威，独立于领域环境的限制。

几个世纪中，更多的事物被定义为动产，到了中世纪，住房也在一定条件下被定义为动产。这意味着房屋可以独立于其紧密相连的土地，单独处置。根据遗产法，男士应该将土地传给他的长子，如果他愿意的话，还可以将他的住处给他的妻室、女儿或教会。而"可移动"这一定语，意味着他还可以将房屋转移到别处。但这并不适用于所有的房产。通常只有最朴实的建筑，如木构建筑，才能与田产分离。田产或地产本身不可能被转让和处置，因为它们理当传于后代。

房产独立于土地，并在法律上（甚至实际上）具有可移动性，这一认识带来了一种全新的房屋类型：以出租和多样化商业用途为目的的房屋。这些房屋类型尤其多见于乡镇和城市。它们工艺简单，形式统一。这不禁让我们想到早期中世纪的出租房，作为现代拖车房的对应体，其相似性不仅仅表现在可移动性，还有标准化、建造方式以及它们面向的客户：在附近工作的工薪阶级。

然而，最早的时候有两种类型的房屋。虽然普通住房在数量上占优势，但是另一种建筑显然更为建筑史学家津津乐道。简单来说，第二种房屋，在许多方面，与第一种房屋截然相反。它世代相传，以至于成了朝代的代称，就像温莎王朝或罗斯柴尔德王朝家族的房屋。它规模巨大，近乎永恒，因为它是权利的象征、社会地位的表现。城镇当权者常常限制权贵的建筑尺度和建筑设计，但要求外观富丽堂皇。进一步，这些房屋上的要素往往清晰地反映所有者的社会阶层，如塔楼或地牢意味着所有者是某个法院的法官。而我需要强调的是，这些房屋都是由石材构建的。Manor 和 mansion（乡间府邸）源于同一词根，意味着持久、永恒；而在威尔士语中，不论府邸或奢华的庄园，形容这种建筑的 93 词汇往往都有石构的涵义。相比农民或工人的住所，建筑史中往往对上述建筑有更多的研究。一方面，所谓的府邸往往受家族的保护，它的历史被详细记录；另一方面，塔楼、地牢、壕沟、庭院、典礼入口等多种象征性要素，最终都成为典型的建筑风格。但是最为显著的区别是：仅考虑其财产价值，民居很难设法保存，也很难赋予长期用途，而府邸同时满足上述条件，它一度是家族的纪念碑，象征着权力、财产，是子子孙孙需要尊崇和保护的遗产。

大多数西方世界乡土建筑的历史，尤其在美国，可以用上述两种建筑的对比来书写。显然，有钱有势的家族眼中的历史，与工薪家庭眼中的历史，总有明显的阶级区别。而在阶级之外，同样也存在对过去和未来的不同看法和对历史的不同意见。但我发现在美国有一个十分有趣的特征，它们的区别远比上述情况简单得多：那就是可延续的、融入永久环境的房屋，和那些只住一代人或更短的、仅仅在其占有者生活中起有限作用的房屋。

换句话说，我认为石材与木材作为建筑材料的地位变化值得研究。尤其是木结构，在中世纪欧洲的流行，在文艺复兴时代被强烈排斥，以及在美国奇迹般地复兴。我们应当探索住房的发展，探索住房的标准化，以及它如何成为美国的标准化生活的一部分。

美国的住房传统源自于十七至十八世纪的英国，可追溯到我们称之为亚特兰大欧洲地区。那是一片属于阿尔卑斯山以北，卢瓦尔以北的林地。亚特兰大欧洲包括斯堪的纳维亚地区、德国、英国、低地和法国北部。一千年以前，虽然受罗马帝国的影响，这里仍然呈现一派乡村景观，以森林和荒原为主。因此，这是一个以木构建筑为主的地区，木材文化一度繁荣。这一文

化以多种形式保存于当代的美国，并且或多或少地融入大多数
美国人的生活。

　　我们乐于在闲暇时间成为木匠或修理工，搭建一个又一个木
构架，哪怕最终将倒塌或付之一炬。或许我们只是喜欢木材的暂
时性，这让它变得生动而鲜活。

　　我怀疑事情并不总是这样。我们总是要迅速地建造木构的住 94
宅，想着如何进行改造、修缮，甚至遗弃它们。考古学家告诉我
们，尽管中世纪的木匠工艺在建造船舶、桥梁、教堂方面高度发
达，普通农舍的建设手艺却退化殆尽，毫无美感。很少房屋可以
延续十年以上，甚至有人在节日庆祝时，亲手点燃自己的房屋。
因为重建非常容易。值得保留的只是四角的支柱、梁和椽。墙用
泥土堆砌再粉刷表面，屋顶用枝叶简单覆盖，少数的几件家具也
可以迅速重新制作。美国人哀叹他们的房子不能变成老房子，事
实上，美国人的平均寿命都长于他们居住的房屋。尽管如此，如
今房屋的寿命还是比中世纪时期延长了许多。

　　暂时性成为早期木构建筑的首要特征。另一个特征是建筑的
可移动性。我们很容易拆散一栋仅以数根大梁支起的，既没有地
基、楼板，又没有屋顶的建筑。许多中世纪文献曾记载，住宅被
搬到下一个工作场所或一片空地，甚至在土地肥力耗尽或受到攻
击时，整个村庄都会搬迁。所以，农民世代定居在同一片土地的
印象，只是现代历史学家给人的误解罢了。定居生活更适合于文
艺复兴时期甚至十九世纪的农民，而非中世纪的农民。

　　靠近大西洋的欧洲农民似乎特别忠实于木构建筑的传统，甚
至在木材稀缺而石材、黏土丰富的地方也是如此。在十七世纪，

他们将这种忠实带到了美国。杰弗逊曾抱怨，愚昧的弗吉尼亚人以健康为由拒绝砖房。还有一位塞伦人威廉·本特利（William Bentley），在他的日记中记述了一位李先生（Mr. Lee），他的房屋因为人们对砖房的偏见而被摧毁。

富裕的人们则不然。中世纪的牧师和官员都公开表达对石材的偏爱。记载着石材和石造建筑的神学教条被广为传颂，并且当时人们对此深信不疑。

对于建筑设计的上述分化持续了整个中世纪，但没有任何一种看法占据上风。然而，十六世纪初，石造建筑突然变得更为常见。这种变化的两大主要原因包括：一些人的意大利之行带来古典建筑的复兴，以及亚特兰大欧洲严重的木材短缺带来的木构建筑的困境。不断增长的人口、不断扩张的城市、大量建造军舰和95 商船，以及将木材用作燃料的手工业，将大多数森林破坏殆尽。

对上述变化的一个重要响应是建造方式的极大改变。由此兴起了一波保护木材的立法：限制农民建房可使用的木材总量、不同木料的数量，更重要的是，带来了一场砖、石材料建筑取代木构建筑的运动。尽管砖、石结构首先用于宏伟的城市建筑，但它们迅速影响了村庄民居，甚至整个乡镇的建筑。这场十六世纪到十七世纪的建筑革命，被英国人称为大改建（the Great Rebuilding），而法国人称之为砖石战胜了木材。这场革命对人们的建筑观产生了重大影响。西蒙娜·鲁（Simone Roux）在她的住房史调查中写道：

　　"这是厚重的石质房屋的胜利。从此，地中海式的建筑传遍欧洲……在那里，我们以砖、石重建原有的土、木建筑。一栋重达四五百吨的建筑，意味着它无需修缮就能延续几个世纪，因而成为永恒、坚固、安全的象征。它巍立着，是遮风避雨的完美住所，是世世代代记忆的守护者。[石质]建筑将家庭与土地紧密联系在一起；但其兴建也需要大量的钱财，是对永久性住所的巨额投资。石材房，作为传统静态社会的理想适应形式，成为无数小额投资的焦点"[1]。

无可否认，这一变革大有裨益。十六、十七世纪的建筑革命不仅带来了华丽的城市、乡镇、宫殿和豪宅，也使灰暗、肮脏的农舍变为宽敞、设计优良、悦目的石屋。然而，我们也不能忽略木制房的优点。中世纪的民居具有显著的灵活性和可移动性。它们不仅能被拆解、搬迁、重组，也能方便地改变功能，变更主人。如果使用时间有限，它们还能经常重建。当旧建筑坍塌，就会有更好、更干净的新建筑代替。最后，木制建筑的暂时性意味着当农作物减产、战争来临、地主剥削严重时，它可以被随时放弃。它的脆弱减少了住家耽搁不走可能带来的危险。如果人们注定无法避免不幸，他们至少可以通过逃离房屋及其环境来逃避灾难。

越了解石之于木的胜利，我们越有疑问：北美殖民地是否也被地中海式的建筑风格吞没了？显然，北美没有什么重大改造，因为那里原本就没有房屋，也就没有建筑传统。但不可否认，正如多数美国建筑学家所言，当早期拓荒的艰苦过去后，雄心勃勃的殖民者按照当时流行的样式，建设城市和乡村。这种样 96

式几乎覆盖了弗吉尼亚至缅因州地区。弗吉尼亚沿海地区就是最先受新的设计哲学启蒙的地区。十八世纪的庄园主们偏爱宏大的砖结构建筑。事实上，十七世纪中期，伦敦政府要求，每位土地大于一百公顷的庄园主必须建设一座砖房，砖房应有砖石地基，并达到一定规模。如果庄园主拥有超过一百公顷的土地，他的房屋则应当按比例扩大。弗吉尼亚沿海地区的历史中最为有趣的一点是：这里成为新建筑的实验场地，建筑设计者对这里的偏好往往超过了新英格兰地区。十七世纪末叶，约翰·洛克（John Locke）为南卡罗莱纳设计的房屋，外形奇特，以巴洛克风格进行空间组织，而威廉斯堡（Williamsburg）的设计则是地中海风格永恒的经典。

然而，这些试图在美国殖民地重现文艺复兴景观的努力都落空了。弗吉尼亚，就同新英格兰一样，充斥着木材爱好者们兴建的木制建筑。这些建筑大多数寿命短暂。在所有的建筑史学者中，艾伦·高恩斯（Alan Gowans）对美国建筑的中世纪或中世纪晚期风格进行了最详细的介绍[2]。我们大多数人都会同意他的结论。殖民地的社会和经济状况和欧洲完全不同，丰富的土地资源意味着每一个殖民者都在追求更多的土地配额，这样，对自己的土地不满意的人可以在几年后搬到更有潜力的新土地上。广袤的森林为建筑提供了丰富的木材；相反，没有用以建造豪宅的砖石，尤其是弗吉尼亚沿海地区，制造或进口砖石也很贵，最主要的是没有熟练工匠和参与者。这促成了木构建筑的建设，它们匆匆完成，缺乏坚固的基础、储存空间和充分风化的木头。一片片小规模、低造价、短寿命的木建筑如雨后春笋般出现在美国大地，它们很容易被拆除或搬迁，很容易被改造或设计成满足殖民地开拓区需要的建筑。但这些住宅的最新奇之处并非廉价、可移动，这些不过是中世纪小屋的特点罢了。其真正的亮点在于这些住房是一种商品，建造、居住、最终转手。它们被商业化地设计和生产，用以满足特定的市场。

那是怎样的市场环境？十七和十八世纪，市场充斥着年轻的蓝领家庭，他们需要在新的环境里找到一个住处。那时，他们本应该寻找一个农场。但在美国，这个"农场"有所不同。这里并不是一片永久性的家园，而只是在搬家前可以利用几年的土地而已。他们可能很快搬到更好的土地，土壤肥沃、回报丰厚、邻居友善。 97

一个典型的例子是，布鲁斯（P. A. Bruce）在他的《十七世纪弗吉尼亚州经济史》一书中，提到了拓荒者们的房屋。那是一种小而粗糙的房屋，水平木板钉在垂直板上就成了墙，木板垂直钉在墙顶上就成了屋顶。这种房屋往往有两个房间，当然还会有一些谷仓和棚屋。农场主或庄园主会立刻在周围的土地上种烟草。两三年后土地枯竭，人们别无选择只能搬走。对此，布鲁斯评价：

> "人们倾向于放弃旧有的种植地而另寻新处……这导致森林更严重的破坏，同时，造就了人们在使用土地时的冷漠态度。[殖民者]往往不为他们的土地加护栏，也不为牲畜圈牧场，更别说果园、花园和种粮食了。由于人们早已打算在土地枯竭之时放弃房产，他们的住处分外简易……因而，

一项特殊的条例被送到政府，希望他们用尽各种方法阻止上述临时住房的产生。"[3]

这一小节我们关注典型的框架式房屋（ramshackle frame house），它在当代美国的废弃地中随处可见。当我们足够了解美国时，才会认识到上述景象没有什么值得悲伤的，那些被废弃的房屋十有八九只是个跳板，房主往往带着愉悦的心情搬到更明亮、前景更好的住处。只有在旧世界，人们怀着定居的期望时，废弃的房屋和土地才意味着人类经历了悲剧。

在布鲁斯对早期弗吉尼亚州的描述中，涉及了美国住房的一些特点：结构脆弱、寿命短暂、孤立于环境，尤其是滥用木材。我还想再补充两点：房屋本身没有储藏空间，地基也不够坚固。最后，还有一个我们习以为常但外人往往难以理解的方面：许多农场和住宅远离城镇。

让我们再一次回顾美国典型民居的结构演变：不是建筑师设计的房子，也非豪宅，而是多数美国人居住的民居。首先，是南部殖民地建设的没有地基的平板屋（slab house）。其次是十八世纪早期的、类似于平板屋的宾夕法尼亚小木屋，它们成为开拓地区的标志。它繁荣于弗吉尼亚西部和整个南部边疆。贵族式的建筑哲学家杰弗逊在他的《弗吉尼亚纪事》（Notes on the State of Virginia）一书中描述了上述两种建筑："弗吉尼亚的私人建筑绝大多数都是板材制成，抹上石灰。没有比这更丑、更不舒适、更易损坏的建筑了。"但他又补充道："贫苦的人们建造了许多小屋，围上围栏，用泥巴填塞空隙。相比昂贵的砖石建筑，这样的房屋冬暖夏凉。"[4]

这两种建筑的寿命都十分短暂。作为临时的住处，它们在一定时间后都被更结实的房子取代，均设计简单，没有内部储藏室，没有地基，没有运用传统手工艺，人们也毫不在意它们的外观。最终小木屋、平板屋沦为仓库或者被弃置。第三，当属另一项边疆地区的发明：轻型木构架房屋。这一项发明表现了建筑技术的根本变革。但同时，这也是一个符合逻辑的变化。如同之前的模式，它可以被快捷而简单地建设，它漠视当地的民俗或建筑传统，并被当作是暂时的。这种暂时并非将被废弃，而是指将被出售给新的移民。罗宾逊（Solon Robinson）等作家就因此建议前往西部的家庭将自己的房屋建得大众化，从而更容易为潜在的购买者接受。过了几十年，轻型木构架房屋得到了建筑界的认可。然而，不得不提到，1870年，一位作家在阿肯萨斯和得克萨斯旅行时发现，直到那时，那里大多数还是轻型木构架房屋，而没有什么真正的建筑。

建筑界之所以接受轻型木构架房屋，或许可以用两种更简单的房屋类型的发展来解释。一种是预制房屋，它的繁荣自十九世纪六十年代起一直持续至今，并在最近成为许多建筑史学家的研究对象。另一种则是同时存在的更为简单的盒状房屋。

表面上，也就是从外观上看，盒状房屋就像是板房。不过板房往往在外立面底部有一段砖墙，内立面为石膏墙，而盒状房屋没有框架，没有内部隔板，当然也没有地基。我有预感，这种房屋最初在切萨皮克海湾地区产生。远在南北战争之前，它就已经传播到了墨西哥湾，甚至到了加利福尼亚。贺瑞斯·蒲式耳

（Horace Bushel）是康涅狄格州哈特福特的本地人，他看到十九世纪五十年代旧金山地区盒状房屋的建设时，非常惊奇。查尔斯·杜耶（Charles Duyer）在 1855 年写了一本关于廉价房屋的书，他发现，铁路和运河上的工作者往往居住在盒状房屋内。

99 　　下面一段话是戴安·特贝茨（Dianne Tebbetts）在《美国先驱》（*Pioneer America*）中对盒状房屋的描述：

"盒状房屋的建设和中世纪英国板房的建设一样……盒状房屋的建设中……宽木板被垂直钉在［地面的门槛］上，2×4 的板被钉在它们的顶部。另外的垂直木板与之相连形成一堵坚固的墙，完全没有支架。屋梁将它们紧紧固定在一起，墙上还挖出了空间留给门和窗……内部往往被纸糊得厚厚的，用来防止冬日的朔风。这种建筑方式虽然毫不稳固，但是廉价，这或许是围合一个空间的成本最低的方式了。在密苏里高地，这种建筑相当普遍……相对于一些稳固的小木屋，这反而被当作繁荣的象征。那些有钱的'山区人'更愿意住在这些本地木材、油布屋顶支起的盒状房屋里。"[5]

马德里的新墨西哥采矿社区就有许多盒状房屋的样本。二十世纪二十年代，它们从二百英里以外的地方被带到此地。彼时，它们是石岛铁路工人的住处。我曾见过一栋外观尚且坚固的盒状房屋。不用框架能够节省造价，但也导致建筑的下沉、变形和稳固性的降低。这就是为何盒状房屋平均只有一进宽、一层高。不可避免地，它与社会中最为困苦、短暂居住的阶层相关。即使到了今天，南方人还把它们称作出租屋，有时还被称作奴隶住过的小屋。不过目前仍存在的小屋很少建于奴隶解放运动之前，恐怕多未住过奴隶。我强烈怀疑，在十九世纪煤矿城镇的照片中见到的框架型房屋，实际上就是盒状房屋。有一段时间，盒状房屋远远超过轻型框架式房屋，成为美国最为普遍的建筑。南北战争后，盒状房屋在伐木公司所在的小镇、大农场和铁路营地兴起。以伐木为生的镇子带来了大量的盒状房屋，因为这里的居民在砍光森林后就会搬迁到其他地方，因此需要可移动的住房形式。

有人研究了上述城镇及其建筑，刊登在 1957 年 9 月的《地理评论》(*Geography Review*)[6]。作者至少列出了三种不同类型的房屋：所谓的平房（有宽阔的门廊环绕）、猎枪式房屋(shotgun house)以及围栏式房屋(log-pen house)。他指出盒状房屋在木业城镇之所以流行，是因为它们廉价、易建，能够满足任何家庭的需要，并且很容易通过铁路运输。猎枪式房屋则很窄，往往有一间房宽，两三间房深，因而非常适合小镇，在工业城市中也尤其受到欢迎。

盒状房屋历史的最后一章是一战期间它在遥远的企业城起到的作用，以及在南部、西南部、加利福尼亚州农场里被移民工人利用的方式。我们应当更了解它们的发展和演变，因为它们属于美国新景观的一部分。

阳光地带的州出现的大规模拖拉机耕作的园地，要求大量可移动的劳动力。在一战之前，平均每个农场的劳动力是一个人，往往是一个流浪汉、被窝男(blanketman)或者乞丐。他随遇而安。但在二十世纪二十年代，二手车变得相当便宜，农场工人可

100

以开着车子，带着家人，而不依赖货车了。这也导致了新的需求，一种便宜、暂时的住处，换句话说，就是盒状房屋。

多数盒状房屋应该是小型的开发者或投机者建造的；对此，我们仅有的可靠消息来自劳动部的现代刊物。这些过渡性的房屋不可避免地拥挤、乏缮、危险，而新政（the New Deal）的一个项目就是试图取代它们。虽然我们现在还是面临同样的问题，但是二十世纪五十年代，一种新式住宅的出现大大改观了上述现象。它与中世纪的房屋极其类似，被称为拖车式房屋（trailer），或可移动的家（mobile home），或者是近期出现的小卡车牵引的营地。

我们才刚刚开始关注这种新式的住房对规划、社区和工作的影响。我相信这种拖车式房屋，或者其或好或坏的改进版，将成为未来的廉价住房。它并不坚固，并不永久，也缺乏魅力，但是便宜、方便、可移动。

我想，我们中的多数更容易理解盒状建筑和相应的开拓者们，甚至将他们浪漫化。至少在农村地区，盒状建筑独立发展并成为景观的一部分。其实所有上述脆弱的、短期的美国建筑之间都有一定的共性。这些建筑都在当时被认为是粗陋的、混乱的、不被社会所容许的。它们都曾作为那些不得不随工作而迁移的人的住处，包括殖民地的农场劳工、高速公路的建设者、伐木工人、士兵甚至飞行员。无论建筑形式如何，它们都曾作为老人的住所，或者是刚刚组合的新家庭的住处。另外，它们几乎都被所有者看作是暂时的，下一步需要找更好的、更持久的住处。

完全从社会经济学的角度分析住房十分有趣，显然，住房并非只能从建筑学或民俗学角度理解。举一个例子，临时住房或盒状房屋的真正重要性在于其他方面。我想这意味着，尽管它们生命周期很短，人们却试图获得一种长期以来被低估的自由。他们希望从环境的约束中解脱，脱离社区的责任，脱离传统居家形式的束缚，脱离固定的社会等级，最重要的，就是得到搬迁的自由。既然环境决定论已经变成广泛接受的哲学理念，我们就应该强调固定、永恒、扎根，并且坚守我们的建筑历史。毫无疑问，一切就该如此发生。但是，通过研究快速变化着的景观，及我们对家（home）不断变化的态度，我们不可避免地认识到另一种建筑传统，一种可移动的、暂时的居住方式，它比以往任何时刻更强烈、更明显。不是所有人都能接受这种拒绝环境特点和约束的另类传统景观；而我们所有的建筑研究者，有义务理解这一遍布美国的新建筑方式：新的家园。

101

石材及其替代品

104 矗立在奥克尼群岛的巨石阵。(皇家版权，来自苏格兰古代和历史纪念物皇家专门委员会)

不是所有人都知道，耶稣的十二使徒之一是通过成为一名建 105
筑师而得道的。说的是托马斯（Thomas），有时被称作犹大，是
詹姆士（James）的兄弟、耶稣同父异母的兄弟。他自称为一个
建筑工和木匠。"用木材，"他宣称，"我能做出：犁、牛轭、赶牛
的尖棒、滑车、船、桨和桅杆；用石材，我能做出：石柱、庙宇
和国王的宫廷"。

由于这些才能，他被一个印度商人雇用，并被带到印
度，他在那里传布新约福音，最终殉道。《托马斯外传》（*The
Apocryphal Acts of Thomas*）一书详细介绍了他的建筑职业生涯。
该文献追溯到公元三世纪，因而是一份极早的关于建筑师如何应
对客户的记载。

一位富有的印度国王听说了，询问托马斯能否为他建造一座
宫殿。托马斯答应了。我引述以下一段描写：

> "国王带他出了城门，在路上开始跟他谈宫室和地基的
> 形式之事，以及它们应有的布局，直到他们到达建筑选址现
> 场；然后，他说：这里是我选定的建筑之地。
>
> 使徒（即托马斯）说，不错，这里很适合建造宫殿……
> 然后国王说，开始建造吧。
> 但是使徒说，我不能在这个季节开工。
> 国王问，那你什么时候能开始呢？
> 使徒说，我会在 Dius 月（犹太历 8 月）开始，在
> Xanthicus 月（犹太历 1 月）结束 [也就是说，他将在十一
> 月开工，四月完工]。

国王惊讶道，所有的建筑都是在夏季建造的，难道你能在冬季完成一座宫殿吗？"

托马斯向国王保证他能做到。国王让他拿出一份规划。文中接着说：

"使徒拿起一根芦苇开始制图，测量场地；他让门朝向日出的方向，象征期待光明——窗朝向西，即风吹来的方向，然后他让烤炉房朝南，引水渠朝北。国王看到后对使徒说：'你确实是个出色的工匠，很适合做王室的仆人。'然后国王赏给他很多钱就离开了。"

根据记述，国王不时地送来更多的金钱，而托马斯保证他将很快完工。书中接着记载：

"当国王回到城里后，向他的朋友打听关于宫殿的情况……他们告诉国王：使徒既没有建造宫殿，也没有做任何别的他所承诺之事，但他在城市和乡村走动，把他所有的一切赠予穷人，并宣讲新的神，他还治愈病患、驱赶邪魔，做了很多其他的善事……当国王听到这些，用手搓着自己的脸，重重地摇了摇头。"

106　　　可想而知，托马斯很快发现自己陷入困境。国王派人抓捕他并准备在判处凌迟之后烧死，以示惩罚。但托马斯最终获救了。

奇迹般地，人们发现通过将财富散布给穷人和苦难者，托马斯为国王在天堂建造了一座辉煌的宫殿。获知这一切后，国王赦免了托马斯。多年以后托马斯才殉道[1]。

即使那座宫殿仅仅是象征性的存在，我们依然觉得很容易看到，因为从很多方面，它遵循某些传统建筑类型和过程。空荡的广场——作为"国王的庭院"——是一种常见的中东建筑类型，并暗示着这部新约外传的叙利亚起源。不得不承认，这座宫殿的朝向令人费解，但我试图从宇宙的象征意义来理解它的布局。正如所有公元纪年早期的庙宇和宫殿以及较晚出现的教堂一样，这座宫殿面对升起的太阳，或者说是光明的来源。引水渠可能应该被解读为四大要素之一的象征：水；烤炉房是另外一个要素的象征：火。至于窗户朝向西面的风，是第三个要素的象征：空气。但是第四个要素：土，在哪里呢？是不是某种程度上与源自东方的圣光有关？某些读者可能会倾向于认为，引水渠和烤炉房的位置是由生态或者便利原因决定的，但对我来说，一种宗教的或者宇宙的象征意义更为恰当。因为很难想象一位印度国王会为一个有效解决交通流的方案而向他的建筑师道贺。

如果我们要从使徒托马斯的职业生涯中得到任何建筑方面的启示，我们就得分析他对自己职业的描述。他自称为一个建筑师和木匠。这两种称呼的区别是明显的，但是看起来托马斯在界定时更注重所使用的材质，而非二者的尺度、复杂性和重要性。他并不因为木匠的工作就是制作牛轭、犁、船和桨——可能还有桌椅之类的东西，而把木匠视为地位低下；他暗示木匠并不仅仅生产日常用品，而且生产一些会逐渐磨损和需要更换的物品。

另一方面，托马斯告诉我们，他用石材来建造"石柱，庙宇和国王的宫廷"——一份令人印象深刻的清单，证明了他并不只是一个工匠，而是我们现在所说的建筑师。石材过去是一种高贵的材料，不仅仅是因为它被用于高贵的用途和贵族的建筑。它的高贵是因为它由地球深处开采得来，并且象征着永恒。

所有这些都还不够，未能反映任何建造的艺术，不管是用木材还是石料，那些在别处无法获知的认识。但是，为了探索宫107 殿对于住宅的重大意义，我们应该尝试任何形式的帮助，无论它看起来多么微不足道。很明显，托马斯本来要为国王建造的宫殿（从某种意义上说他确实在天堂建造了）应该被理解为一种象征；意味着名望、权力或一种帝王的威严，能够提升或者稳固国王的地位。然而，虽然这种诠释没有什么神秘之处，却有一些有趣甚至是意味深长的地方，那就是权力或存在的象征应该是一座房屋——一座宫殿；我还很好奇，某种程度上，永恒性是否是这座石材宫殿的特性之一？

无论如何，持久性（duration）看起来都曾是建筑的分类标准之一。有人可能会反对，我们已经不再通过房屋和构筑物的耐用年限来划分类别；事实确实如此——我们只是改变了标准，我们倾向于根据我们希望该建筑能使用的年限来选择材料，而不是片面偏好长久性。正如伊利亚德所说，"现代人自己承担了时间持续性的功能；也就是说，他扮演了时间的角色"。[2]

但是这促使我思考某种建筑类型。托马斯以使用材料的耐久性来对建筑进行分类，我认为，代表了一种古老的传统。（考虑到他对那座宫殿的宗教解读）他很可能会强调木材和石料的区分，因为他指出景观中的很多人造物注定比其他物体更为耐久；世界上只有少数物体的存在超过人的寿命；只有拥有神圣特征的东西才值得精心设计和制造；而实际上，我们日常生活使用的大部分物品，可以说或者应当是临时的、不断更新换代的和被遗忘的。我们向景观所要求的，托马斯将会如是说，是一两个石制的纪念物，一系列的地标，来提醒我们关于人类的信仰、起源和身份认同。最后，他会坚持这些地标有一种永恒的、可视的特性；是景观和宇宙秩序不可或缺的一部分；它们作为一种被广泛承认的原型，具有直接情感吸引力。

这种观点对我们来说比较陌生；但它与人类发展史上一段漫长而硕果累累的时期有关。在我们的世界，上述时代被文艺复兴的学说终结。所以，探究托马斯和他无数的工匠同行所建造的石材或者纪念性建筑是很有意义的，我们得以从中思考，为何这种建筑类型不再受欢迎，以及试图发现是什么替代了它。

如果将托马斯之前承担的石工工程视为建筑的话，可以说它最显著的特征是它的依赖性，它与神圣的或者宇宙的原型的关联，它持续不断的努力——使它确实成为了那神圣的或者宇宙秩序的一部分。然而这种努力从十七世纪开始被建筑师放弃了。在一本广为流传的书中可以找到，关于早期的建筑如何塑造神圣 108 的环境的简单解释。"庙宇的目的"，莱瑟比（Lethaby）在他的《建筑，神秘主义和神话》（*Architecture, Mysticism and Myth*）一书中评论道（他的评论也同样适用于教堂、宫殿、陵寝，甚至城市）："在过去，是为了建立一个本地的复本——一种比例模型，它的形式受科学的积累程度控制；它是一个天堂，一个瞭望台，还是一本历书。它的建立是一场神圣的仪式，仪式的时间通过占卜精心选择，它与天空的关系由观察决定。它的位置精准地位于天体原型的下方……如果它是四方形布局，朝向天空的四面，则它的基底就不能被移动。"[3]

石材的象征价值不仅在于它的耐久性和永恒性，当我们探索石材的文献记载和民间传说时，我们才逐渐发现它在前文艺复兴时代建筑中的角色。石材，甚至名贵的宝石的象征意义，是早期宗教仪式和信仰的重要元素，包括基督教之前的宗教和早期基督教。在原始人对自然的观念中，石材是有生命的，它是力量和生命的浓缩。这解释了为何人们认为碰触圣石能带来丰产，正如一个广泛存在的风俗，不育的妇女为了怀上孩子而接触圣石。旧约和新约都有很多涉及将石材视为耶和华或其存在的象征的记载，使徒西蒙（Apostle Simon）还被赐予佩特罗之名（Petros，希腊语中石材之意）："我将在此石上修建我的教堂，地狱之门将不能压倒它。"因而石材的真正意义并不仅存在于它无限的年岁，数千年缓慢的生长，还在于它的宇宙的、超越生命的起源。"很多神话传说都以石头孕育了最早的人类始祖为主题，"伊利亚德告诉我们，"丢卡利翁（Deucalion，希腊神）将'他母亲的骸骨'扔到身后来使人重新在大地上繁衍。这些大地之母的骸骨就是石头；它们代表了根源（Urgrund）、真实、生命和神圣，是新人类诞生的基质。石头是一种传达纯粹的现实、生命和神圣的原型形象，这一点已被大量的记述诸神诞生于石的传说证实"[4]。

对石料和宝石的玄秘领域的思考，将我们引向对人类本性的深度认识。炼金术师最为理解这一点，正如瑞士哲学家荣格所说，他们研究岩石、矿物和金属的世界，发现关于人类的不为人知的真理。"月亮之下的人类世界，"加斯顿·巴什拉（Gaston Bachelard）评论说，"被炼金术士分成了三个王国：矿物王国、植物王国和动物王国……动物王国以日为周期；植物王国的节奏以年计；矿物王国的节奏则以千年计。一旦我们将数千年的存在加诸金属之上，宇宙之梦就呈现在我们眼前"[5]。他引用一位德国哲学家的话，来说明我们与土地深处的深厚渊源，哪怕是诗歌或者艺术中的隐喻，都是潜意识研究中揭示真相的符号。木材的灵活性和适应性允许我们在不理解其基本特性的前提下使用它，而石头、宝石要被人理解，必须要靠我们的想象力，因为它引发我们对于起源的思考。 109

正是石头拥有的神秘力量，使宇宙秩序和我们自身对秩序的内在探索相结合，奠定了它在建筑中的重要意义。"不用怀疑，在整个中世纪时期存在这样一种信仰，认为石头和星辰之间有着明确的联系。"[6] 哪怕我们并不通晓关于中世纪建筑的丰富文献，也知道在那段黑暗时期，没有教堂乐意接受任何木材，哪怕木制的耶稣受难像十字架。早期教堂的神父将采集石材、刨削、抛光并装配的过程赋予神圣的意义。"今天，当石材的原始处理方式已经消失时，我们仅仅在古老的褪色的玻璃窗仍然采光、它们的光改变了石材外形之处，才能偶尔意识到。我们想到大教堂时，应该不仅想到它斑斓的色彩，也应该想到它与光的融合……建筑应该'发光'，'闪耀'，'灿烂'，'炫目'……然而，如果说大教堂否认了它的石头特性，那就错了。石之于教堂，紧密相关，只是它从精华、美化、鲜明和清晰的角度被理想化了。"[7]

我们这一代人可能最容易理解，中世纪教堂对石材的尊崇是尊重自然规律的一种形式。事实上，文艺复兴之前这些试图在方向、比例、颜色和形式上顺应宇宙规律的尝试，可以让我们得以一窥中世纪基督教风格的环境主义。我并不欣赏当代的环境运动，但是谁能不知，当今人们强烈渴望与自然和谐相处呢？我们只能希望在时间的演进过程中，我们对环境的看法能部分地获得像中世纪那样的虔敬和愿景。

伊利亚德描述的"石器神话"（lithic mythology），或者说石头和宝石的传统和象征性，在中世纪晚期发生了转向。由于炼金术士对魔法石的探索——这是能解决一切的万能药，人们对石材和金属的研究从神秘主义转向人类。人们对石材的物化特性及其人体功效展开了科学研究，也就是说，转向了化学和医药。但是，早在这个阶段之前，一种新的建筑理论已经极大地削弱了石料在设计和使用中的神秘成分。不再被视为"纯粹的真实、生命和神圣"的象征，石材在建筑的美学价值中扮演一个较为次要的角色，无论在室内还是室外。显然，这并非出于它的朴素状态，而是以它古典柱式和半壁柱的形式，作为艺术品的部分要素，为颂扬人类存在和人类尺度而设计。它的可视性不在于它的朴素状态，而在于它的古典柱式和半壁柱的形式，以及为颂扬人类存在和按人类尺度设计的各种艺术要素。石材的外表经过加工，用于暗示饱经风霜：经历了多种多样的乡村生活，若干秩序的重叠，象征一种社会等级和文明演变。十七世纪到十八世纪，关于建筑学和建造材料的历史起源经历了长足的讨论。最早的建筑源自于石料还是木材？詹巴蒂斯塔·皮拉内西（Giambattista Piranesi）

主张，最早的人造构筑物是用石料建成的，且无疑位于埃及，但雅克·布隆德尔（Jacques Blondel）——当时顶尖的法国建筑理论家——坚持希腊人最早用木材进行建造，然后将木构建筑用石材重建。石材的神圣性在讨论中则没有涉及。

石器神话的最后一章，是十七到十八世纪出现的对人工石造建筑遗址，甚至人造石质艺术品的审美偏好的出现，以及几乎在同一时期，地质学家和艺术家对位于山地或海边的岩石地貌的魅力和美的发现。地质学家将其视为巨大的大地力量的产物，以及地球的悠久历史的证据。艺术家和自然景观的业余爱好者则将其看作自然无尽创造力的证明。然而，科学和感性认识都没能恢复石材在远古时期的神圣意义，没能揭示岩石和石材的内在组成，没能深入研究它们的神秘特性。正如建筑师创造的废墟，石材曾经作为一种向理性人解释时间进程的方式。石材曾被视为一种建立人和时间之间关系的方式。

我们要如何解读过去一个世纪以来，在施工中用混凝土、钢筋和玻璃等人造物代替石材的新进程呢？它们与古老的区别——如圣·托马斯（St. Thomas）所说的在不朽的地标与临时性的木制或泥土建筑之间的区别——有什么联系呢？这个问题具有一定的重要性，如我曾提出的，任何景观的核心功能，是纪念物、地标和临时性的结合。

乍看起来，这些新材料似乎代表了对石材作为永恒性象征的完全排斥。我们完全打破了文艺复兴时期对建筑的认识。那时，建筑代表永恒和政治力量，石造的建筑用于颂扬不变的政治和宗教秩序。除了少数的纪念物以外，人们已经不再认真地为后代建造标志物了，更不用说为前辈了。

　　然而，我们也许并没有意识到，现代景观中仍然存在建筑的永恒性和临时性之间的区别。如果我们仍未认识到这一点，则是因为我们仍然在文艺复兴的建筑永恒基础上进行思考。但是既然我们极大地缩短了地标性建筑的生命周期，我们也就缩短了临时性建筑——住宅，工作场所和游乐场——的生命周期。被只关注公共或机构建筑的建筑史学家所忽视的，就在上一个世纪（指十九世纪），准确地说是后半个世纪，出现了大量设计年限只有数月或者数年的建筑。不必列举那些造就了这种新的短暂建筑类型的临时性材料、临时性建造技术和临时性功能。可以说，它们还原了我们的景观中永久性和暂时性的关系。但是上述关系中存在的矛盾已经不再是永存的石材和短暂的木料、泥土之间的矛盾，也不是永恒的文艺复兴艺术和木材之间的矛盾，而在于建筑实用性之间的区别：给我们提供特定功能的建筑，即使不是永久性也至少是持续性功能（可能是用钢筋混凝土或玻璃和钢材建造的），和精心设计以服务于临时性需求的（用合成材料或塑料生产的）可移动的预制组装建筑之间的区别。

　　我们必须认识到，我们不再能寄希望于社区永恒性，而只能局限于其持续性。我们执着于旧的建筑和城市形态，即使它们已经没有美学、宗教或者政治价值。那些毫无特色的老建筑或者传统居住区的重建有益于社区的文化繁荣，但这种方式能否为贫困的社区或新开发的居住区提供持续性呢？不管我们怎么想，任何一个社区，无论大小、贫富，都将面临艰难时期，这时要让一个社区的生存变得可能和持续合意，不可能依靠其考古学上的发掘，而只能是它本身的持续性，这需要一些结构、设施提供持续性。这些就是所谓的地标。

地标将会是什么？随着我们的住宅、工作场所或者日常生活越来越依靠社区服务，尤其是越来越依赖那些致力于保护持续性的机构，我们将会发现我们已经发展出一系列全新的地标：电站、银行、医院、公共集会场所、博物馆、图书馆和公共档案馆，以及最后但不是最次要的，仓库。无论它们是否是混凝土所建，它们代表着持续性、社区认同、与过去和未来的联系。在当代美国社区中，它们可以抵消我们的机动性、历史的破碎性和对过去的健忘性。

以上所提到的还不是流行的建筑范例。如果我们尊重它们，并且赋予它们纪念性意义，它们将会成熟起来，并逐渐获得地标的属性。我们至今仍相信圣·托马斯所曾信仰之事：只有当某种 112 景观记录了历史，并赋予了我们在这个星球上的短暂生命历程以意义和尊严时，才是完整的、宜居的景观。

工艺风格和科技风格

114 二十世纪二十年代工艺风格的住房。(摄影：作者)

↖城市临街的水泥房（cement house），及其内景。(来自《工艺师》，
1909 年 5 月)

曾经有一个时期，从二十世纪初开始直到二十世纪中叶，美 115
国的住宅发生重大转变，尤其是那些不具名的、批量生产的中产
阶级住宅，反映了美国文化中的一次重大转变。这一转变尤其体
现在我们对工作意义的态度上。

传统的工作意义——为了满足基本的个人或者家庭需要和
自我表现的需求——在英格兰的工艺美术运动（Arts and Crafts
Movement）中达到了最终的理想形式。工艺美术运动的灵感虽
源自卡莱尔（Carlyle）和罗斯金（Ruskin），但直到十九世纪
八十年代，在威廉·莫里斯（William Morris）的领导下才有了
固定的组织形式。几乎在最初，工艺美术运动就与法国和中欧的
类似运动相联系，直到一战前夕，它都是旧大陆理性和艺术思潮
的重要元素。

工艺美术运动最初以抗议的形式，主要由艺术家和社会评论
家推动，反对工业文明的粗劣和不公，反对工业化带来的手工艺
的衰退。这种衰退带来了两种不幸的结果：大部分工业产品毫无
品味、质量低下；工人感到沮丧和疏远。虽然很多运动领袖积极
建议社会变化和改革，但大部分是艺术复兴，尤其针对与本地生
活和家庭相符的艺术形式。沃尔特·克兰（Walter Crane），这
场运动中的英格兰先驱人物之一，认为手工艺是所有艺术的基
础。他的追随者依据上述前提着手进行设计并制造珠宝、陶器、
家具、纺织品和壁纸。他们开始对排印工艺、彩色玻璃和服饰感
兴趣，但是建筑是他们最渴望提升的艺术或工艺。因此，他们希
望建筑师能得到机会，在原创设计和装饰方面展现技巧和才华，
而非像从前那样，被强迫模仿、演绎旧有的古典或哥特样式。

十九世纪九十年代，这场运动传播到了美国。1893 年在芝加哥成立了一个小组，1897 年在波士顿建立了美国第一个工艺协会。在美国，这项运动的成就和影响远不及英国，但它曾在短时间内受到广泛欢迎，并影响了中产阶级住宅及其外观。

1893 年，埃尔伯特·哈伯德（Elbert Hubbard）在纽约东奥罗拉创立了罗伊克罗夫特出版社（Roycroft Press）。不仅将新的美术印刷和编辑标准引入美国，还在他的广为流传的刊物《笔记本》(*The Notebooks*)、《门外汉》(*The Philistine*) 和《兄弟》(*The Fra*)，以及无数的演讲和散文中，有力地宣传了工艺美术运动的理念。在工艺美术运动中，东奥罗拉曾一度成为低价家具和陶瓷的销售地点。

之后，在 1900 年，古斯塔夫·斯蒂克利（Gustav Stickley）开始出版杂志《工艺师》(*The Craftsman*)。他本是个家具制造商。这本杂志在十八年间提供了涵盖艺术和设计各个方面的许多富有新意和启发性的文章，侧重于那些投身于工艺美术运动的艺术家的作品。威廉·莫里斯、托尔斯泰（Tolstoy）、克鲁泡特金（Kropotkin）和梅特林克（Maeterlinck）的文章都出现在《工艺师》上。创办的最初十年，它曾是美国社会和艺术评论界的顶尖杂志，有大量的关于建筑、景观设计、村庄改造和工业改革的精辟讨论。斯蒂克利本人设计了很多工艺风格的住宅，主要出自他的原创风格。他的风格非常符合美国中产阶级的需求和技能水平，设计很少是激动人心的，但它们简洁而实用，生动地运用卵石和木瓦（shingle），并且具有朴素的结构；这些因素无疑使它们在全国范围内受到大量房屋建造者的欢迎。是斯蒂克利最早呼吁注意加利福尼亚小平房（bungalow）的优点，并推动小平房在其他地区流行；同样是他，不但生产或设计了多数曾风靡一时的使命派家具①，而且让温莎椅再度流行。

从大众角度来看，美国的工艺美术运动及其民主改革的主张，大部分源于斯蒂克利，并随着《工艺师》的停办而衰退。他的贡献被那个时代一些更为著名的艺术家所批判，但正是得益于他的影响，美国的工艺美术运动才对社会生活产生如此大的影响。如果某些艺术取向是不恰当的，这场运动的真正重要性应在于它赋予工作以全新的尊严，还原其最初的高贵。这些手工产品是由工匠在家中或者店铺里制造的，而不是工厂。因为这类工作的价值不在于它们的产品，而在于其中的自我表达和自我诠释。无论地位曾经多么卑微，工匠们解读并塑造了普遍真理的传统形象。

对工作的这一崇高认识并没有得到工厂工人或者管理层的推崇，但受到了美国中产阶级和学术界的支持。这一信仰使人们坚信，工作过程本身与最后的成品一样美丽而且重要。这种信念，部分源自人们对大批量生产商品的老套和毫无个性产生的审美疲劳，另一部分源自于社会良知带来的不安——后者一直是工艺美术运动支持者的敏感话题。

传统的社会秩序从不特别关心或者评价手工艺人。毕竟，所有人都有既定的角色要扮演——农场主、牧师、士兵、家庭主妇，为什么给手工艺人更高的评价呢？为什么格外注意他们工作

---

① mission furniture，又译为教会家具，以简约大方、坚固耐用、批量生产为特点，在二十世纪初流行于美国。——译者注

117 的可见成果呢？在这样一个社会里，艺术本质上是对艺术、对艰苦劳动过程的掩盖；它试图用颜料和石膏抹去或者覆盖生产的印记。而在工业社会秩序下，事实远甚于此。甚至在世纪之交以前，人们仍普遍不满于报导中的工厂工作条件和精神困境。许多善意的美国人觉得，应该把工作的过程计入多数商品的价值中。因而手工制品是令人双重满意的：它避开了工厂生产中的不公正，并通过生产的印记展示了创造过程。

以上无疑可以解释为何几乎在工艺美术运动一开始，陶瓷就成为所有复兴的手工艺品中最受欢迎的产品。陶瓷的流行，不仅仅因为它显而易见的女性倾向，与壁炉、烹饪或者餐具紧密相关；还因为它是手工的直接产物，往往显示了制陶工人手掌和手指的印记。在美国，人们一向喜欢拓荒者和伐木工熟练的手工艺和粗犷的创造力。一旦艺术家和评论家支持这种观念，人们就转而以生产过程来评价每一件创造物。这种现象不仅存在于手工艺品当中，也作用于正式的艺术品。无论是一件手工家具，一张手织地毯，还是一幅油画，只要它的表面显露了工具或者手工的痕迹，就几乎总是会被尊崇和理解。

对手工质感的巨大兴趣很快蔓延到了房屋本身。《工艺师》的早期文章致力于研究手工表面，关注由手工加工木材、羽毛及石材产生的自然质感给人带来的亲近自然的愉悦。当工艺美术运动的新奇小玩意儿退出潮流很多年后，当使命派家具、手织的修道士袍和陶制的汤碗被束之高阁时，人们对手工质感的痴迷仍然强烈。

事实上，1910 年前后，这种对手工的痴迷开始扩展到新的实践领域。随着砖、混凝土和灰泥等防火或者耐火材料的广泛使用，人们创造了多种多样的外观材质。新的抹灰效果在市场出现，每种都有自己的品牌和专用的抹子。砖的尺寸几乎是随机的，其表面崭新而粗糙，并且涂上新的釉质。这些砖被灰浆粘合，用于创造精心设计的不规则组合图案和鲜亮表面。石材被巧妙地嵌入灰泥墙中，而墙面板则模拟手工、风化和拼贴样式。这些建筑风格在一战到二战之间尤为流行——英式小屋、法式农场、西班牙或者意大利城堡、科德角住宅，至少可以部分地被解读为新外观材质的范例——木构建筑、仿制茅草屋顶、粗糙的砌 118 石、暴露的横梁和手工凿成的面板墙。

我们仍然倾向于忽视这些流行风尚，认为它们只是体现了美国中产阶级房主的浪漫风格，并且上述风尚的确存在浪漫主义的成分。但我们不应该忽视的是从大众化层面对民居建筑风格的重新定义。有一个时期，当杰出的美国建筑师们仍然以传统的学院派风格来思考和设计，并为其历史准确性而自豪时，相对平凡的中产阶级住宅设计师则在创作由工人和生产技术定义的新风格。空间极大扩展，细节不甚精确，而在设施和布局上与时俱进——这些住宅重新唤起的不是过去的古典风格，而是传统的手工职业。它们是渔民、农场主、伐木工和早期殖民者房屋的现代版本。

塔尔博特·哈姆林（Talbot Hamlin）是当时颇受欢迎的评论家，他在1929年提到偏好这种表面材质是那一时期美国民居建筑的特征之一。他批评建筑师和装潢设计师——可能还有消费者——被过时的、古旧的质感冲昏头脑，以至于没有意识到某些新的合成建筑材料的美，而将它们伪装成风化的木材、石砖或者手工涂抹的灰泥。

上述批评并没有带来残留的工艺风格的终结。真正导致工艺风格结束的是对工作的态度的逐渐转变，人们逐渐意识到工业生产方式在经济体系的几乎每个领域中占主导地位。无论是在办公室、工厂，还是学校进行的生产活动，都越来越接近批量化生产的形式和效率。住宅本身，随着新材料、新生产方式和新增的标准化生产的引入，成为产品作为工业化产物的生动例证。当越来越多精美的物品被批量生产后，传统工匠便彻底消失于人们的视野了。

相矛盾的是，斯蒂克利也促成了传统工作哲学的衰落。他一方面希望将手工的简洁性和合理价格推广到千家万户，一方面也在工艺美术运动的早期提倡机器和现代生产流程。1906 年，他在《工艺师》中宣告，"现代机械的发明在本质上是手工艺精神的重大进步……当机器被适当地使用时，它就是一个熟练工人手中的工具，而绝不会降低他的产品的质量"。一年之后，弗兰克·劳埃德·赖特（Frank Lloyd Wright）同样表达了对机器的接受。虽然出于不同的原因，但是两个人都与盛行的工作哲学有极大的分歧。在 1900 年，建筑师尚能有真实的体会，认为有必要恢复到实际工作的状态，以将他的工作提升到真实的建筑的层面。然而上述观念至多延续到二十世纪三十年代中期，之后，传统工作哲学的最后痕迹似乎也消失了。适应于新的工作哲学的新民居类型开始被美国人普遍接受——这种工作哲学认为工作就是一种生产的方式。这种思想直到今天仍伴随着我们。

　　这种新的工作哲学很大程度上源于 1911 年弗雷德里克·温斯洛·泰勒（Frederick Winslow Taylor）提出的科学管理原则。为了将机械化效率引入美国工厂，扩大产量，这种思想强调生产方式、工具、零部件和流水线技术的标准化，将劳动力细分到微小的、高度专业化的任务中，在生产过程中最大限度地实现机械的精确性。效率研究，以及新的培训、监督和生产规划不仅逐渐改变了工人的角色，也改变了工厂的环境。

　　科学管理的显著成就不久就得到了广泛认可。其原则被应用到办公室、政府机构和多种类型的商业企业中。自助餐厅是科学效率的显著代表，最早于 1907 年出现于芝加哥。实际上由于科学管理的出现，餐馆在清洁度和效率方面得到了提升，也导致了十九世纪之交供膳出租屋（boarding house）的衰落。在《机械化挂帅》（*Mechanization Takes Command*）一书中，西格弗里德·吉迪翁（Sigfried Giedion）描述了泰勒的原则如何导致美国厨房和浴室的转变。新的家庭经济或者民居科学原则有着相同的来源，在二十世纪初人们纷纷设想美国家庭将很快依据新的科学管理原则进行彻底重建。按照一位新工作哲学的支持者的假设，美国家庭将成为家庭主妇管理下的生产新公民的工厂。

　　当然，如果强调效率是泰勒主义对美国家庭的唯一影响，我们显然会理所当然地将它视为一种会被迅速遗忘的暂时性风潮。然而，效率、整洁和节约不是如今美国家庭的特征，过去或许也不曾是，即使是在泰勒声望最盛的时期。后来，科学管理思想卷土重来，以更老练的伪装形式。

　　最初，它仅仅用于组织和系统化生产。毫无争议地，这一最早的机械导向阶段在很多工厂持续了大约二十年，最壮观的是1913年底特律的移动生产线。但在很多按泰勒的原则管理的工厂中，工人们对仅仅关注机械效率而忽视精神、生理需求的不满与日俱增。管理层很快意识到机器和分派给工人的任务应该适应工人的生理条件，并且工厂内的社会和物质环境必须改善。

120

　　谁应该来承担改革的责任？显然不仅仅是工程师。这项工作需要结合社会学家、心理学家、艺术家，甚至偶尔需要医生的技能。这项研究中有各种各样的术语，通常涉及学校、医院以及它们各自的使用者。它们全都来源于科学管理为了诠释其工作哲学的早期尝试。它们出现在不同领域，只不过称呼不同，包括"人文工程学"、"精神物理学"和"空间规划"等。为改善办公室的工作环境所作的努力被认为是"办公室美化"，或者甚至是"人居环境化"。

　　新环境学科的专家们开始着手将工厂变得更令人愉快和更有效率。人们重新设计了机器，以减少工作负担；并在工作日里增加了更多的短期休息。在研究的支持下，照明条件也进行了改善。工厂的清洁和卫生也得到重视，并制定了一套传达信息和警告的标准颜色代码：黄色：警示；橙色：危险；红色：防火；绿色：安全；等等。进一步地，为了提高安全性、改善交通流，工作空间和设施被重新组织。噪声水平被降低了，过高的温度也得到了缓解。

　　所有这些变化都旨在改善物质环境——男士和女士们都要在其中工作的环境。当然，人们也尝试创造更好的心理环境，营造一种满意的情绪以鼓励人们集中注意力投入工作。在这个领域，光线与色彩心理学扮演了重要的角色。费伯·比伦（Faber Birren），著名的美国色彩学家，如此定义他的工作：

> "我研究了色彩和谐和人类情感难以捉摸的特性，力求找到色彩与形式、色彩的物理特性与其引起的奇特心理反应之间的关系……我为工厂、办公楼、医院、学校、商店和商业机构写过色彩规划和说明书……我的努力……围绕着找到色彩的新价值，来辅助提高人类的工作效率和身心健康，为保证人类舒适工作和控制情绪做贡献。"[1]

色彩在心理、装饰和信息方面的用途，不可避免地将新的要素引入了工业环境设计中。为了在工作环境中有效，色彩必须有与自身相配的照明和外表面——清洁、简单的反光表面。人工照明通常意味着排斥日光，所以工厂环境倾向于完全的人工化和独立化，几乎与周边的建筑完全脱离。如今，工厂通常在规划时就有扩张的预期，或者希望在将来某个时期改换完全不同的生产方式，因此没有人真正试图协调暂时功能和永恒形式的关系。建筑就像一个信封，一个宽松的包裹，其外表并不旨在标示内部的过程，而是给外界留下深刻印象。

因而，颜色扮演了一个独特和重要的角色：它不仅仅用于装饰，更是为了营造气氛。正是由于它的重要性，大部分有责任心的色彩心理学家坚持认为：它应该有镇静的功能。淡绿色，几乎占领了所有的公共机构，最早被工厂确定为适宜的背景色，因为它被认为能让人感受到平静和慰藉。

　　二十世纪二十年代西部电力的霍索恩工厂（Hawthorne Plant of Western Electric）里进行的实验是我们熟知的环境工程学案例。这场实验由一批工程师发起，他们希望研究不同照明条件对工人效率的影响。这个实验持续了九年，不仅研究照明，还有色彩、温度、湿度和噪声。尽管这些改变都未对生产有显著的影响，但结果并没有阻碍沿着这个方向的其他尝试。关键在于，早在半个世纪之前，当普通美国人还未听说建筑和设计领域的现代运动之时，美国已逐渐演化出了一套连续的环境设计系统。它并非源于对人造环境的不满，而仅仅产生于人们对创造一种高效、宜人的工作环境的渴望。在二十世纪前三十年间建造的数不尽的工厂、学校、医院和商店中，我们发现如今大部分要素在很多美国家庭中依然受欢迎，包括：营造情绪的颜色；光滑和统一的玻璃、塑料和铝制的表面；开放空间；用于创造一个完全自主的内部空间和环境的光线；以及出于效率考虑对平面布局的重视。最重要的是，房屋的外观被设计为一个色彩鲜艳的包裹，用于隐藏被视为隐私的内部结构。

　　一系列的条件使得这种乡土风格变得易于识别且可被接受。1926年巴黎博览会的影响——虽然很晚才被意识到——使很多人认识到乡土的商业和工业艺术的价值。然而，比博览会影响更重要的是，在办公室、工厂和商店里，成百上千的雇员逐渐熟悉高效的照明，清晰、明亮的颜色和整洁的空间的重要性。经济大萧条前，房地产业总是持续引入新的工业化方式和新的建筑材料，以迎合新的品味。速度和鲜亮被认为是新涌现的美国特色的基本要素，而新的材料意味着墙壁、外观和内部都要舍弃传统的

承重功能，而仅仅作为一层表皮。人们不再进行砌石工程，代替 122
它的是胶合板材料。这些材料是机器的产物，而非出自工匠之手。

住宅的批量生产导致了房地产业的单调性问题。早在二十世纪二十年代，房地产业就通过引入色彩心理学解决了这个问题：色彩鲜艳的房屋散布在色彩柔和的房屋中，以产生空间多样性的幻觉。实际上，色彩是"芝加哥世纪进步博览会"的主题——色彩和最能反射色彩的平坦的、普通的材质。博览会展示了一系列房屋模型，主题为"为生活而设计"，所用材料包括梅森耐特纤维板、人造石、费鲁搪瓷和粗钢材。其中唯一一座木屋被指定为木材工业的产物，其传统特征在某种程度上被掩盖了。虽然世纪进步博览会算不上著名的艺术盛会，但是它确实宣传了民居建筑的三大显著创新：车库，成为房屋立面的一部分；烟囱，完全与烹饪和采暖脱离，成为起居室家庭休闲的标志；地下室，则因混凝土板材的使用而被淘汰，由此增加了住宅布局的水平性。

通常，我们很难想象新的建筑风格出现在建筑的内部。平面或者施工方式的改变是我们一般关注的角度。但是二十世纪三十年代出现的美国科技风格恰恰开始于房屋内部而不是外部。显而易见，经济大萧条极大地减少了新的低成本住宅的数量。大部分家庭仅能改变房屋的内部构造。所以，为绝大部分美国人界定和促进科技风格的是室内设计师、色彩顾问、家庭杂志和周日增刊上的专家，而不是建筑师。通过在百货商店窗户中进行模型展览，科技风格获得了认同，正是那些窗户激发了战后住宅使用玻璃落地窗的发明。工业界设计了这种风格，进行商业化推广，并通过广告宣传，创建新的规则。这种风格是由一类独特的二十世纪的人物创造的：行为工程师。

科技风格，正如工作和经营场所本身，排斥了建筑物中一个又一个的传统空间。目前，住宅的命名方式模仿工厂的命名，如工作场所、实用面积、家庭空间、卸载点、交通流。色彩心理学，而不是传统或者品味，告诉我们如何布置桌子，如何粉刷墙壁，如何营造家中放松和欢快的气氛。比如，费伯·比伦建议"色彩应当从情绪上适合人类个性……保守的人（内向型的）在装饰上自然地偏好传统和柔情，以及柔软的、和缓的色彩，更适宜冷色调。较为活泼的人（外向型的）能欣赏现代的、抽象的和更激进的设计，能适应醒目的鲜艳色调系列和颜色对比"。

123　　科技风格的住宅与工作场所分离，与邻里和社区分离，甚至与本身的建筑外观分离，成为休闲和非正式放松的孤岛。至少在理论上，男人的工作属于车库，而女人的工作属于厨房；其他的所有就是明亮的表面、明亮的灯光和明亮的色彩，可以统称为行为艺术。在二十世纪三十年代，这种艺术的目的是唤起特定的情绪，而这种合意的情绪则是与外部复杂世界的疏离。

上述背景反映出泰勒的工作哲学在心理层面的巨大胜利：当我们合理地设计环境，并且这种环境能被迅速改变时，工作能被完成得更好且看起来更容易。美国家庭排斥传统的住宅及其传统的价值观，结果却在另一套约束下沦为受害者：大规模生产，持续的改变和隐藏的信仰。

难道新的生活方式真的与旧的相差甚远吗？美国的中产阶级自由主义者设想当今的工作环境——无论是在办公室、工厂，或者商业机构——都难以忍受且令人疲惫。但我们却常常忽视，传统的家庭作坊式工作更死板和压抑。家庭手工业和老式农场代表了传统和粗劣的、苍白的、不变的生活方式的专制性，这一点年轻人尤为认同；并且对他们来说，工厂提供的不仅是自由，还有更刺激的环境。这种环境现在已经以很多方式在现代家庭中被复制，为新的美国家庭提供满意的体验。毫无疑问，它迟早也会改变。但是它不会随着传统意义下的建筑演变而改变，而是随着我们对工作和休闲的认识变化而改变。

公园的起源

126　康涅狄格州威尔顿（Wilton）的自行车越野赛路线。[摄影：托布·萨斯克（Tobé Saskor）]

美国的城市公园曾经被市民珍视为公共的艺术作品、身心健 127
康的源泉、原生态自然环境的代言，它曾因作为胜于皇家花园的
民主形式而深受喜爱。然而，在大约一个世纪之后，却转而成为
邪恶之源。我们不再像过去一样喜欢它。公园曾经有效促进社区
的繁荣，现在却被社区视为社会或者经济的负担。它的设计、它
的使用、它的存在性本身，都成为了愤怒争吵的焦点。该有多少
设计师感到沮丧，又有多少沮丧的休闲者、社会顾问和管理者发
现必须重新评价他们的哲学，并为他们的工作提出新的和完全不
同的辩护。

我希望他们重新检视公园的起源，回顾它的发展脉络。如此
这般，他们会发现，由于对贵族花园的关注，他们忽略了最古老
的和最受欢迎的游乐空间。

《大英百科全书》中"公园和游乐场"一节较为简洁地诠释
了公园的历史。这个阐释，偶然地由一位游乐场专家所撰写，因
而导致了对公园精华的误解。"最早的公园是皇家为人民的游乐
而授予的土地"，它说到，"现代公园是人民给予自己的礼物"。
皇家公园或者花园的角色实际上大概如下：最早的经过设计的公
园可以追溯到十六世纪，是为宫廷的享乐而正式和精心制作的花
园，并伴有小片的林地，分散布置着娱乐庭院，偶尔对有限的
公众开放。早期的皇家公园或花园是极其正式的，甚至在设计上
符合建筑的设计法则，强调不为享乐主义者赞同的被动娱乐。但
正是这些所谓的"风景如画"的景观公园，这些十八到十九世纪
的英格兰的产物，启发了美国和欧洲公共公园的设计。史卓奇
（Strauch）、唐宁（Downing）、布什内尔（Bushnell）和奥姆斯

特德的作品本质上是英国乡村私有庄园的现代版本，布置成"如画"景观：精心组合的草坪、平静如镜的水体、巧妙布局的树丛、模拟自然的地形，使人能偶尔一瞥自然环境。我们知道，但我们有时会忘记，这种特定类型的公园同样旨在提供人们与自然的接触，它的建设和维护同样昂贵，也同样是"被动娱乐"，并且它作为一个艺术作品必须被殷勤地看护；市民在公园里的行动是受到约束的。此外，景观公园虽然表面随意，但是也希望公众能认识到设计的美学特性。它寻求与自然的接触，也符合社会规律。

当奥姆斯特德和他同时代的人们在海内外设计并建造第一批大型城市公园时，他们很自然地在以上约束之下进行规划。"风景如画"的自然构图之美被强调，那些乡村的、富有田园生活的特征被精心维持，而公共行为的章程被严格地执行——正如现在很多欧洲城市公园中的情形一般。针对奥姆斯特德的当代批评家喜欢攻击他的社会哲学。例如，罗伯特·摩西（Robert Moses）称他为"一个凡尔赛庄园式的贵族景观设计师，在社会同情心方面是一个臭名昭著的白人新教徒"。这是一项无意义的指控。中央公园在最初建成起就为各种阶层使用。早期的观察者惊奇地注意到大量的工人阶级市民——"贫穷的女裁缝和技师"——在那里和富有的、有权势的市民一起活动。

他们为什么惊奇？不是因为他们认为穷人不应该出现在中央公园——虽然这是那些强调阶级意识的公园改革者所想——而是某些理由使他们相信，穷人应该更偏好其他类型的游憩场所。

其他类型的场所实际上是存在的。在十九世纪中期，纽约仍然存在提供更充满活力、更随意的娱乐区域，以及布局更自由的环境。斯塔恩岛曾是一个受欢迎的度假地，还有霍博肯的天堂乐园；在曼哈顿未利用的海岸和滨水地带，还有其他未受园林设计师影响的地方。当十九世纪公园的狂热支持者赞颂着城市公园的上流社会面貌时，他理所当然地假想还存在其他类型的游憩设施。

也就是说，他意识到了一些现代公园设计师和游憩学家容易忘记的事：进入十九世纪，每个社区，无论大小，无论在欧洲还是美洲，都保留了一定的土地让普通人——尤其是青少年——运动、玩耍、自得其乐，同时参与到社区生活中。

这些游乐场的存在被历史和传统见证。民俗学者在一个又一个村庄找到了证据，教堂墓园的一部分和任何基督教出现前的圣地或者庙宇，通常都允许年轻人进行运动和游戏。一些历史学家指出，运动和场所之间的联系有着一种传统的神圣起源。这种联系起源于遥远的时代，当时村庄里的年轻人被派去保卫这些地方，并与周边入侵者作战。到了中世纪，形成了固定的习俗：教堂附近的某些地点，被非正式地保留为运动和游戏场地。但这不是全部：这些运动和游戏，起源于他们与外来入侵者徒手搏斗的经验，保留着暴力、竞争的特性，基于领土和社区地位，而与常被讨论的地形设计或者"接触自然"没有多大关系。这些游戏是粗野和无纪律的，经常被教堂和皇室谴责；但是它们显然受到青少年的欢迎，成为一种"防卫"社区、发泄情绪和获得个人声望的方式。

这样的区域和运动并不局限于村庄。每一个中世纪城镇在城 129

墙外一定范围内都保有土地，通常沿着河岸，在那里年轻的或者活跃的小镇居民可以尽情娱乐。这样的土地被法国人称为未利用地（terrains vagues），即小片的未用于耕作或建设的土地。弗朗西斯一世保留了巴黎的一段河岸作为大学生的游憩用地；在1222 年，正如我们读到的，伦敦的年轻市民"将攻防游戏和摔跤一直扩展到圣吉尔斯医院，在那里他们挑战和控制郊区居民和其他平民"。

尽管被清教徒牧师反对，新英格兰人在岸边捕猎、钓鱼、踢足球，与周边村民进行暴力竞技游戏，甚至大肆嬉闹。至于南部则热衷于非官方的竞技运动，无论是在酒馆的后院，或者开敞的乡村道旁，都有大量的历史遗存可以证明。

十九世纪后半叶，公园运动的出现促使全美的大小镇建立了无数人工设计的公园，但是坊间仍流传着无组织的游乐场和无组织的对抗运动。以非正式规则进行的棒球，作为群体对抗形式的足球，牧人竞技会和模拟战争，这些活动不是发生在城镇公园中，而是在所谓的外部小树林里。景观设计师沃（F. A. Waugh）在 1889 年写下一段引人注意的描述，对比了正式的、过度组织的、废弃荒凉的小镇公园和利用度更高的河边空地小树林。

"我想到一个特殊的西部村庄，那里有着超乎平常的文化和进取心……这个城镇已经花费了数百美元，以在四十英亩的宝贵土地上建造公园。在一个角落，其草地一直被修剪作为棒球场，公园的用途也就局限于此了。相反地，离镇上很近的地方是极好的自然林带，一条适宜划船和洗浴的美丽河流，一些山和山谷，这些都能造就一个令人愉悦的公园。虽然这些林地的功能，要么仅用于放牧，要么只是所谓的小树林，却成为士兵的联欢、野餐和社团的集会地点……公园的存在体现了公共精神和市民解放。对小树林的偏好则展示了人们林间游憩的天性，丝毫未受到公园存在的影响。"[1]

为什么我们如此彻底地忘记了这曾经风靡和充满活力的传统？为什么我们的公园忽视了让青年融入社区生活这一重要的社会功能？首先，小树林（美国人通常称为模糊地段）已经从美国景观中消失。城镇的扩张彻底毁灭了它，代之以房屋和街道，同时休闲的品味极大地改变了。但现今的休闲哲学和公园设计也是不恰当的。人们坚信，公众想要的（或者说本应该想要的）是在一个专家设计的公园里"接触自然"，同时运动就要有专门的团队、规则和专业技能。这种信念意味着清除青少年的临时游乐场，以及公开反对任何形式的冒险或者竞争：这是自由社会改革者的另一个噩梦。

同时，较旧的城市公园饱受预算减少、邻里衰败和被肆意破坏的困扰。它们被不良分子甚至危险分子不恰当地使用着，结果导致广大市民对他们的使用越来越少。公园的价值可能与以往一样重要。正式的、精心组织的公园或者花园，作为艺术作品用于被动娱乐的公园，成为城市娱乐设施的必要部分，在商业区、就业地带尤为重要。较为简单的、更为"自然"的邻里公园，在那些需要接触自然的人们以及老人和儿童的生活中，扮演着重要角色。但这难道不是我们承认对第三种多样性需求的时候么？在那些广阔的、非组织的、普通的、多功能的公共游乐场，青少年可以展示自我，成为社会成员，保卫和服务某些关于社区的有朝气的观念。

这个问题显然不是没有意义的；当前存在一些仍然不太显著的迹象，显示我们正在试图回答。青年一代好动且永不停歇，往往令许多西方城市苦恼，因而，这些城市开始建设体育公园。也就是说，这种公园，为机动性的运动而设计：骑自行车、玩滑板、骑摩托车和四轮越野车，甚至某些情况下能滑雪和滑翔。它们昂贵、不雅，且仍然处于试验阶段。任何区别于传统公园的事物都是难以想象的：嘈杂，刻意的人造地形，由喧闹和无教养的公众使用，用暴力的方式发泄精力，且前所未有地与自然密切接触，这种体育公园看起来否定并嘲弄"公园"一词代表的一切。但是从另一方面来看，它可能会逐渐成熟，并赋予这个词更广泛、更现代的意义：公园作为一个公共的户外开放空间，在那里我们可以自我意识到社会成员身份，意识到我们与自然环境的私密关系。

军事视角的景观

132 ［摄影：斯格·伊普尔（Siège d'Ypres），1677 年。］（承蒙美国国家图书馆供图）

　　我很乐意向两类人群致敬，他们的权威和指导是我一直乐意 133
承认的：专业地理学者和美国军队军官。曾经有一个时期我把校
官①也包括在内；但当我自己晋升为少校时，我就不再对他们的
集体智慧那么感兴趣了。

　　这两类人让我意识到我对景观观测知之甚少。多年前在哈
佛，我在德文特·惠特尔西（Derwent Whittlesey）的影响之下
开始接触地理学；1941 年，当我还是一个少尉时，我被送到一
所现已停办的陆军情报学校学习——马里兰州里奇营地的军事情
报培训中心。我相信我是最早进入那个陌生机构的学员。

　　在那里我学到了很多；到最后毕业之时，我了解了通行的德
国战斗序列，从军团到排的德国军队组织，各种各样武器的使
用，如何阅读和破译德军密码，以及所有等级的肩章和服役部
门。我们也学习了阅读地图。

　　所有这些训练原本是为了教会我们如何收集、评估和发布关
于敌人及其军事实力的信息。我们并没有考虑到环境因素及其心
理影响，也没有考虑到人地关系。我们所获得的知识完全是实战
和军事化的。我们学会假设某个环境的占有者是被一种非常清晰
的目标所驱使：尽可能久地控制那里。因此，我们被告知，只有
当环境可能促进或者阻碍这一目标的实现时，我们才研究这个环
境。而很容易忽视环境的一个原因是，我们对它实在太熟悉了，
当假装战术不断变化的场景时，地形却永远是蓝岭山脉不变的一
部分。

　　换句话说，我们将环境视为某种背景或者空白的舞台，在此

---

　　①　field-grade officer，在美国指少校、中校、上校三类军官的统称。——译者注

之上会发生某些惊心动魄和不可预期的决策和行动。从地理学角度，我认为在那些遥远的日子里，军事情报学是一种特别强调以人类为中心的学科。但是地理学也是如此。

在里奇营待了六个月之后，我被派往北非，在那里我加入了第九步兵师的 G-2 部门；当我们结束了在突尼斯的战斗后，我们被要求进入西西里岛。在这两个地方我都有机会展现我的学识，包括空降装甲兵团的伪装、经过改良的虎式坦克射程 88，以及军需部门准尉的臂章。我苦闷地看到这些信息并没有带来多大变化，但早前认为环境因素可以忽略的错误观念依然存在。在非洲和西西里岛，我们都在应付快速移动部队，穿越一种干旱和相对空旷的景观。除了偶尔的炮击外，他们对地形的影响很微小。除了发生某些军事行动之时，这个舞台持续保持无人和无趣状态。

134　　诺曼底当然就是另一回事了，那是一种更复杂和更常见的景观。虽然我们正身陷其中并难以脱身，当师总部安置在一座诺曼城堡里时，我发现了一座关于诺曼底林地的图书馆——这是我之前从未听说过的。我甚至还买到一些法国人文地理学家的著作，如德方坦①、维达尔·白兰士②和德芒戎③。这个时期正好 G-2 没

---

①　P. Deffontaines，法国区域历史地理研究学者，著有关于加龙河中游地区土地占有的三大卷专著，可算作"土地占有"学派最突出的代表作。——译者注

②　Vidal de La Blache，1845—1918，法国地理学者，认为地理环境只为人类社会的发展提供了多种可能性，而人类又根据不同的生活方式作出选择，并能改变和调节自然现象。——译者注

③　Albert Demangeon，法国地缘学家。主要探讨个人、组织或团体，根据空间分布等地理因素，对应地经营政治的手段及方法。——译者注

什么任务，除了预言即将发生的德国军队的溃败。

事实上，德国军队并未在 1944 年八月溃败，而第九步兵师和其他很多师部在许特根森林度过了一个寒冷和不适的冬天。我仍然不知道为什么我们待了那么久；和其他人一样，我确信在一两天内我们就能急速前进并攻占科隆，然后穿过莱茵河，因而我一心想着即将呈现在面前的景观，并相信我们能在周末之前占据它。

那是一片荒凉的乡村，遭到持续不断的炮火的严重破坏。尽管如此，还是能在废墟中找到相当多的旅行指南、图画明信片、旅游图，以及本地的小学地理和历史课本；那是我第一次真正认识景观。但是这种认识仍然是完全从人的角度，从军事的角度出发：敌人如何利用地形？他们如何开拓它？他们的军事设施布置在哪里？而一旦我们拿下那些阵地，我们将如何使用？这意味着研读那些旅游文学，检视图画明信片和历史课本以使景观形象化。如果农民们种植小麦（正如他们中的某些人所做的），我们的半履带车是否会在冬季裸露的田野里无法前进？在山谷里是否有道路，是否有桥梁，或者在山顶上能见度如何？我认为，还需要鉴别房屋的种类，因为我想知道是否有足够的仓房容纳军用卡车，是否有果园以隐藏大炮。

我乐于调查这些问题，我还记得在很多夜晚，我审问仅有的几个战俘以获得关于那些村庄、田野和森林的更详细的信息。我阅读战俘的日记，不知道他们在什么环境下写就，用的是无法擦去的铅笔。我还忠实地检查他们的军事书籍。我向他们询问特定的桥梁和道路，他们如何到达场地，以及防空炮布局在哪里；最后，我要求他们将所有地点标示在地图上。实际上我比他们对地形更了解，因为他们中的大部分人一两天前才从兵员补充中心过来。

　　每天早晨我都向将军和参谋长（一个来自西点军校的帅气、粉颊的年轻上校，名叫韦斯特摩兰）作一个详细的报告。当我汇报时，将军常常打盹，无疑是梦想被调动到伦敦或者巴黎做文职工作。

135　　逐渐地，我不再幻想任何人可能会对我收集和评价的情报感兴趣。我认识到，我们每次前进所见到的都是被炮火轰炸破坏了的道路、田野、林地、房屋类型、布局模式——如果它们曾经存在的话。但是另一种幻想出现了：一种个人的意象景观，或者至少是对我们面前黑暗和神秘的景观的个人意象。

　　在白天，我认真地观察废墟和破坏的景观，以及冬日的荒凉；但在夜晚，当我忙于完成 G-2 报告时，我感觉置身于一种完全不同的景观中——一个特定场所和特定居民的传统景观，充满着活力。这一景观的构建来自那些巧妙设计的问题：你的总部在哪里？谁是你的指挥官？你的工作单位和服役兵种是什么？交流通信的范围、路径和渠道是什么？即使这个景观在枪林弹雨中颤抖或被付之一炬，我依然在心中看到有序和理性，清晰地看到军官和士兵的等级，每个都戴着军衔，担负一项特定职责，完成日常报告，在有特定标志和边界的空间组织中活动。最后，这个景观不再是一个空荡的无人空间，而成为完整的生活场景的一部分，成为一个人和环境和谐共处的地方，每一个细节都体现出景观的整体设计。

无意之间，我重构了十八世纪传统的欧洲景观。同时，从任何一个方面来看，它又都是一种军事景观。因为我认为至少在这片大陆上，两者在很多方面是相同的，正如军队的组织和城市社会的组织在很多方面相同一样。我自己还很好奇，在组织空间和运动的方式方面，战争和当代社会是否有内在的相似性？也就是，如果说在本质上军事景观和军队社会不都是和平时期景观的加强版本，它们被一个高于一切的目标所强化和赋予生命力，那么不可避免地，它们带来人和环境之间、人与人之间更紧密的关系。

那个冬天我读了一本书，增加了对这种景观的执迷。那是一本关于腓特烈大帝的生活经历的畅销书。我猜想这本书是某个德国月刊俱乐部发行的，在许特根森林的每一个中产阶级家庭中都能找到。打动我的是腓特烈大帝被描写成一个老人，他在战争中坐着马车游历他贫瘠和破败的国土，并停下来与村民和农夫交谈。"面包多少钱？""你要上交多少租金？""你在种什么作物？"然后他会在一个笔记本里记录："村庄里道路如此糟糕；跟男爵 X 谈谈"或者"市长很懒惰和不诚实，考虑撤换他"。他所收集的是一种经典的情报：人们所做的事才是真正重要的，而不是他们想的或者感觉到的；他感兴趣的是乡村提供的食物和庇护所，而不是乡村的美丽或者荒芜。

我开始把眼前受管制的景观视为一种正式的十八世纪的花园，而将十八世纪的正式花园视作军事化管制条件下景观的缩微状态。

当二月份我们最终突破许特根森林，并向前快速行进以跨过

136

莱茵河时，我失望地看到想象中的景观解体了。清晰的特性变模糊了；有序的工作团体分解成四散的个体隐藏在森林中；边境和分界线不再有任何意义。我们在层叠的硫酸纸上仔细标示出来的各种各样的总部和指挥所，现在只不过是一堆凌乱的油印垃圾，没人会费心去遵守或去阅读。

　　战争结束后，这种特定的幻想分析也结束了。但我认为在许特根森林的经验教会了我一些知识，它们没有地理学或者军事价值，但是帮助我认识和欣赏世界：任何规模任何年纪的景观都有自己的风格。那是一种时代的风格，正如我们在音乐、建筑或者绘画中识别或者试图识别的。一个忠实于自我风格的景观，包含着足够的标志特征，不管它是在阿巴拉契亚还是南加州，都能给人一种美学满足。通过这一看起来肤浅的方式，我想只要我们知道必要的特征，就可以认识其他未知的景观。

　　我特别想到了美国的景观，它约在半个世纪前我服役时就已经存在。我不能肯定，在理解和欣赏弗拉特布什或拉斯维加斯的时代特征方面，我的努力是否成功。这种阅历可能跟年龄有关，也可能跟视角有关——取决于从地面还是从天空考察景观。我认为，最终，新的智能技术将告诉我们如何识别景观，正如它们过去的贡献一样。

　　我怀疑这一时刻并不遥远，甚至可能尚未到来，到那时我们将把二战定义为最后的古典战争。而这么定义的一个很重要的理由是依据军事情报技术：我们观察和评价环境要素的方式。在二战期间，G-2仍然几乎完全依靠传统地图来获得地形信息。航空摄影当然被广泛使用；但它毕竟只是肉眼所见形式的转换，尽管更精确、更详细，但仍然是静态图景。大约三十年前，航空或者空间摄影带来新的视角。新的摄影技术的成就远远超出了我的想象。然而，跟其他人一样，我认识到，从空间中遥远的一点，它不仅向我们揭示了世界的面貌，还揭示了许多方面的特征，完全超越了人类视觉体验世界；遥感和超高摄影向我们提供了另一种 137 图景，这种图景只能在彻底解译后才能理解。

毫无疑问，这已经成为了信息获取的预备工作——我们必须要学会去阅读而不只是看。一旦我们学会了阅读新的航片，我们就会发现一种新的环境和新的人地关系，甚至一种新的关于人的定义。这是很多地理学家正努力进行的，虽然这个学科里的新技术我仍旧完全不能掌握。

我们还须挖掘这来自外部空间的影像的洞察力。我乐见，将来一些年轻的情报官在为所有这些空中信息绞尽脑汁，试图依照书本评价它、传播它时，能突然瞥见一种新的、全世界渴望的和谐有序的景观。但为了他，为了我们所有人，让我们祈祷战争的爆发是在遥远的将来。

新田园视野

140　美国西南部的灌溉地。[引自乔治·格斯特（George Gerster）:《航空新
　　发现》，伦敦，1978 年]

寻找新景观的最佳地点是在西部。我指的不是唯美的油画，也不是对愉悦乡村风景的匆匆一瞥，而是我们正尝试理解的景观：大尺度人造空间的组织，通常位于开阔的乡野。

这种类型的空间随处可见，但在西部它们被赋予了不同寻常的形式和维度：当我们经过田野时，在地面很难理解其平面构图；但从空中能很清晰和鲜明地界定。因此，只有当我们飞越大地上空时，我们才开始从新的视角理解美国景观。

特别明显的是，从东部向西部旅行时飞越的马赛克式的灌溉田。它们分为两种类型：在内华达、犹他和亚利桑那看到的田地，与它们苍白、空旷的沙漠背景形成鲜明对比；但是在华盛顿东部、德克萨斯西部、科罗拉多或内布拉斯加部分地区看到的田地则没有这么戏剧性的布局，它们看起来从波状草原中缓缓出现。对我来说，第二种灌溉景观更值得关注。

灌溉在西部当然不是什么新鲜事。大量灌溉景观已经在这里繁荣了一个多世纪。其中某些灌溉景观富庶而宽广，比如圣华金地区和帝王谷。然而，直到上一代，人类才有机会从几千英尺的高空对它们匆匆一瞥，并把它们视为一个个单元；第一次认识到它们的色彩、质感和形状的多姿多彩。我们陷入懒惰的习惯，将这些景观与某些常见的样式进行对比：织锦、地毯，或者某些画家的作品，如蒙德里安（Mondrian），费尔南·莱热（Fernand Léger）或者迪本科恩（Diebenkorn）。我们并没有想过表面之下是什么东西；因为它并不可见。而如果我们思考这些景观的起源和根本意义，我们显然会注意到一个奇迹：从湖泊或者拦河坝引来的水剧烈地改变了沙漠环境。我们看到了巨大的坝、沟渠系统，琢磨着造就这一奇迹的人和机器的组织。但那时，我们已经远离了这些景观。

过去我们旅行的速度太快，现在依旧。这种速度让我们来不及思考俯瞰到的景观。但飞过高平原灌溉景观时，则有完全不同的体验。它是如此巨大而结构简单，我们能边往下观察边研究，以不同于艺术的角度来理解它。我们看待画面时，不再需要思考隐藏在它下方之物，而是试图去解释它们。

三十年前这种新型的灌溉景观开始在高平原的牧场——而不是沙漠地带——出现。这一区域在某种程度上偏离了主要航线，可能是它长久以来未受到注意的原因。它最明显的特征是大量正圆形的绿野。几乎完全没有常见的人类设施——房屋、道路、城镇和树丛，这种景观很难用肉眼度量。但是每一片圆形田野包含一百三十英亩土地，并被包围在一个边长二分之一英里^①的正方形中。在高平原的部分地区，这种圆形的田野看起来排列一致，不受干扰，一直延伸到地平线。点缀在它们中间的，是呈严格矩形的大片田地，某一些是长而狭窄的，其他的则是正方形。没有任何自然或人工的细节打乱简单几何形状构成的广大区域。仅有的几条道路和高速公路遵循整体的格网结构。绿荫占据着主导地位。这种景观规模巨大而极其简单，但由于单调，它最适合在空中简略地体验。

这片高平原是洛基山东部一个开放的、波状起伏的地区，从

---

① 原书作四分之一英里，应为笔误。其方形面积仅 0.162 平方千米，比 130 英亩（0.526 平方千米）小，不合理。译者根据计算，并实测部分美国灌溉圆尺寸，改为二分之一英里。——译者注

加拿大边境一直延伸到德克萨斯西部。这里人烟稀少，只有少量小镇和不起眼的、分散的农场和牧场。它曾经主要生产小麦和牲畜，如今仍然是一个晴空万里、麦浪滚滚、牧草丰美、阳光普照的乡村地带。降雨稀少，不足以支持农耕，也没有可用于灌溉的溪流，但地下水资源丰富。得益于灌溉工程和农业技术以及过去廉价的能源，地下水被开采用于灌溉，从而形成了这些圆形的田野景观。在内布拉斯加西部有超过一万个这样的田块，在德克萨斯西部和科罗拉多、堪萨斯的部分地区，数量甚至更多。

使这种新的灌溉景观区别于过去的景观，并造就其圆形形态的，是这些田地的灌溉方式，它们并不通过与湖泊水库相联系的水渠或大坝沟渠系统灌溉。每一块田地都有自己的中心水井。在井口安置一个电机驱动的装有齿轮的带孔铝管，铝管长四分之一英里，恰好覆盖整个圆形田地。水管按某一速度转动，水则随之均匀喷洒，水管的转速可能在一周／转或者一小时／转之间。喷灌的水中通常还混合有一定量的化肥、除草剂或者杀虫剂。空中红外扫描器随时记录着地面的温度、蒸发量，以此建立合适的灌溉计划。为了使这些流程高效率和高效益，需要分析土壤和水的准确构成，并需要研究和考虑气候的异常变化。至于作物本身——玉米、苜蓿、棉花、高粱或者小麦——基因工程正在探索开发新的作物，以更高效率吸收太阳能，更少量消耗水，同时获得更大产量。一旦完成灌溉计划编制，单个熟练的中心枢纽操作员可以照管至少十块田地。

这种农场灌溉的计算机化不仅看起来令人兴奋，而且通过将我们引向地表之下，扩大和加深了我们对新景观的认知；另一 143

方面，技术和经济基础设施正是我们该关心的。在工程、设备、服务和操作站的维护上投入巨额资金，意味着现阶段这种灌溉系统超过了普通农场主的负担能力。在沃尔特·埃贝林（Walter Ebeling）关于美国农业的书中，引用了一个农场经理的话，说在内布拉斯加，他把一个新泽西的中央枢纽系统投资者变成了百万富翁[1]。由于这种喷灌方式比传统的沟渠灌溉耗水量少，它已经在高平原的部分地区过于普及。某些水井的干涸只是时间问题，那时圆形田地将不再是绿色而变成荒凉的灰色。

然而，作为这种景观的空中访客，业余观察者，我们的角色只不过是看看这些工程的可见结果及其问题，在获得所有的证据之前，拖延仓促的生态学或者社会评价。美国人擅于预见危机并努力克服。我们能学会培养和种植耗水更少的植物；我们也能发明更小型和更廉价的中枢系统和其他类型的喷灌设施。当拖拉机最初被引入美国农业时，它们是巨大而昂贵的，看起来给小农场主带来了厄运。结果，它们变小了，变得廉价和多功能了。对这种景观的持续兴趣应逐渐引导我们寻找地表之下变化的迹象。通过仔细观察，我们可以发现在很多地方，正圆形的一百三十英亩的绿地开始向外伸展，占据了之前被忽视的、旋转的水管无法达到的角落。渐渐地出现了正方形田地。从旁观者的角度来看，这是一种损失。

此时，我们应当回忆景观的较新的定义，即人造空间的组织；并从艺术家的视角来解读所见到的景观。显然，我们俯视的是最为人工化、最精密地规划和控制的美国农业景观。但是人工化或多或少都是每种景观的一部分，而我们应该注意到的是，这种灌溉景观不需要或者极少改变地形。这就是喷灌方式在高平原如此流行的原因：乡村地表过于起伏不平，建设沟渠灌溉系统成本相当高。因而，水以人工造雨的形式出现。无论地表多么不平坦，这种降雨只要足够温和，就能渗入土壤。所以这种人造的田地——在形式和内容上都是人造的——仅仅覆盖在地表之上，而没有对地形产生永恒性的改变。这些圆形田地与用推土机清除、铲平，被沟渠分割、破碎的传统景观中的灌溉田地毫不相同。这些圆形田地可以被不留痕迹地荒弃，就像传统的田地逐渐恢复，成为次生植被或变成野生荒地。最终，这种情形在圆形田地上也会发生。

144

可能这种高平原景观最显著的特征是极端的自给自足。每个绿圈就像台球一样自治管理且功能独立，它们很少与邻居接触，除了相似性之外看起来没有任何东西能让它们互相联系。每一片田地根据它独立的计划种植作物，作物的生存并不依赖于公有的水源供给，也不依赖于公共的耕作传统，甚至共同的天气情况；而只是依赖于独立水井的供水。我们不得不认识到，这种田地不是公认意义上"田地"（field）一词代表的涵义；这是一种新的区域或者空间，由核心源传出的影响或者能量界定。这是"田地"一词的一种科学使用，我们现在必须用它来探讨新的农田景观：核心的原动力当然是水泵，或者它产生的水流，田地成为能量场，并有了可见的形式。

一个古老和常见的词汇开始在定义上发生转变，当然是一种具有一定意义的新发展，因为它象征着，这种田地景观的很多普遍特征也同样经历着变革。对一种新的、可能不长久的灌溉景观赋予过多重要性未免有点愚蠢。与此同时，如果忽视在上几代人发生的诸多变化就更愚蠢了。这些景观变化不仅仅是形状和尺度上，连绵数英里的均一的圆形绿地，如同生产线上的货物从我们脚下飞掠而过；也不仅仅是看不见的计算机的力量改变着微气候和植物生长。真正的变化是我们看待世界的方式。飞行给了我们新的视野，我们用它们来发现新的空间秩序，新的景观。

结语：三种景观

146 犹他州东南部。(摄影：作者）

有一个问题总是令我困惑，寸步难行。那就是：不管我曾多 147
么自信地提出诸多假设，过去几年来我所写作论述和演讲的都
是关于这个单一主题——如何定义（或者重新定义）"景观"这
一概念。我指的是景观这一概念本身；而非作为现象或者环境的
景观；后者我可以毫不费力地驾驭。每个人都希望听到的是，他
们所处的景观是独一无二的，值得最深入地研究，所以只须强
调其独特性，就能获得令人满意的结果。然而，一个始料未及的
难题出现了。我探究的景观数量越多，就越发觉得它们享有一些
共同的特征，它们的本质不是在于其独特性，而是与其他景观
的相似性。我设想应当有那么一种作为原型的景观（prototypal
landscape），或者更准确地说一个作为原始理念（idea）的景观，
所有可见的景观类型都仅仅是原始理念不完整的体现。所以，定
义这一原始理念或概念（concept）就变得非常重要，在此基础
上再去界定某一种景观就变得易如反掌了。

在环境研究领域，我不敢说其他很多学者有着与我同样的困
惑，因为任何一位中世纪修道士都能立刻解决这个迷思。有人告
诉我，这一议题已经得到地理学家和人类学家充分深入的研究，
而如果我仅关注景观本身将更为明智，尤其是迫切需要批判和改
革的当代美国景观。这可能是个很好的建议。然而，当我们草
率地使用一个词语时（例如"景观"一词），我们很容易遇到麻
烦。所以有先见之明的做法，永远是事先明确所谈论的对象。

我已经多次提到，如今字典里对"景观"一词的定义有巨大
缺陷："地表上的风景，或者描绘这一景象的画作。"这种套话的
产生可以追溯到三百多年前。但从那时候起，我们已经认识到，

景观的涵义不仅仅止于美丽的风景，它可以通过人为设计来实现，并且也会老化和衰败。我们不再认为景观脱离于我们的日常生活，事实上我们现在相信：作为景观的一部分，从景观中获得自己的身份认同，是我们存在于世不可或缺的前提，并由此赋予这一词语最严肃的涵义。正是景观涵义的这一重大扩展，使得建立新的定义尤为重要。

毫无疑问，我们最终会制定一个新的定义。最近，人们脱离词典的帮助所想到的定义，只是不完善的权宜之计。通过舍弃严格的美学或者现象学的方式——即将景观视为剥离了来源和功能，且与存在无关的孤立现象——我们就能够用现代的词汇来讨论它。我们也常听到景观被用于表达某一给定的社会秩序组织的空间，据说是一种有自身语法和逻辑的二维语言。这个比喻可能不够准确；尽管如此，使用它的人常发现它能带来很多有益的联想。景观就像一门语言，可能有着模糊和难以辨认的起源，由社会中所有要素经过漫长时光共同创造。它的成长遵循自身规律，排斥不恰当的新词汇或者接受与其相符的新用法，执着于即将过时的形式，或者创造新的形式。一种景观，如同一门语言，是正统权威和乡土环境之间永恒的冲突和妥协的产物。像语法学家和词典编纂者一样，规划师、改革者都需要选择一个立场。通常，他们站在理性和正确的一面。这好像是理所当然的。我们都十分熟悉一门高度组织的语言或者一种过于精心规划的景观所能施加的暴行，但无论多么主观武断，还是需要建立一定的规则。正如一门没有建立简洁和清晰的标准、不尊重传统的语言会阻碍思维的最好发挥一样，一个没有长远目标、没有结构和规则的景观，虽然自称为伊甸园，但终将会以阻碍社会和道德秩序的探究而告终。

这种对比可以暂时告一段落，但我认为对于语言和景观二者而言，发展、保护和美最终是关于历史以及如何对待历史的问题。不管我们最终如何定义景观，为了它的服务价值起见，都要兼顾两者间的永恒相互作用：一方面，暂时的、流动的、乡土的形式；另一方面，法定权威创建的、长久规划建设的形式。

也许正是从这里开始，我试图解读难以捉摸的景观概念：理想的景观不是被界定为一个遵循生态的、社会的或者宗教原则的静止的乌托邦，而是平衡持续性和变化性的一种环境。很少有景观能达到这一目标，更少景观能或长或短地维持这一目标。但对我而言，所有景观都在某种程度上追求这一点；也就是说，它们都以这样或那样的方式，确认了景观的存在是作为一种理念。世界就是这样，找到景观的不平衡的例子比找到平衡的容易得多。我之前举的两个例子很值得研究，一个体现了流动性的极大危险，另一个是过度关注景观中的位置而产生的危险。它们的价值不仅仅在于其警示作用，还在于它们都与我们特有的美国景观及其未来间接相关。

我已经在别处解释了景观一词的原始意义，所以现在足以提出：景观意味着土地的集合，是一组相互关联的土地，属于某个系统的一部分。一片土地是一块有边界的地表空间。我们可以假设，在中世纪，土地一词最常用于指代一片犁过或耕作的土地，即最有价值的一种土地。因而景观一词必定曾经常被村民、农夫和雇农使用；用于描述他们生活的小天地。但是其他社会成员 149

在多大程度上使用它呢？它几乎没有在那一时代的法律文件中出现过。《土地调查册》（*The Domesday Book*），这项由威廉国王在十一世纪下令编写的土地所有权记录，是一项非凡的创举。这个册子无疑是用拉丁文写成的，但是没有任何一版翻译提到景观一词。事实上，这个词本身也似乎被废弃不用了。在威廉征服英国两个世纪之后，一个源于拉丁语的新词从法语输入，取代了它的位置。国土（country）或者乡野（countryside）一词开始用于指代一个更为广泛的、但边界模糊的区域——一个特定人群组成的社区占有的领地：都使用同种方言，都从事同样的农业耕作，都隶属于同一个当地领主，都意识到保有同样的习惯和传统，以及都拥有某种古老的权利和特权。很久以前，国土一词就用于表示国家（nation）。

在此，讨论到景观和国土二词的用法时，我们要面对乡土的空间概念与贵族的或者政治的空间概念的区别。在贵族、牧师、大地主的眼中，景观仅仅是一个土语或者农民使用的词汇，用于描绘一组小片的、暂时性的、粗略划分的空间，经常转手甚至改变形状和大小。它只是更大规模的封建地产的一块碎片，是授予占有者的一项或者一系列权利，但根本上是领主或者王室的财产。它仅仅在小村庄里流行。贵族的空间概念则完全不同。一个贵族或者大主教的地产，男爵或者骑士的领地，国王的树林——更不用说他的王国——都有一个确切的、几乎神圣的起源，它们的边界由契约或者宪章担保。保有这些地产的人不但拥有司法管理的权力，还能分配给其继承人。因而在中世纪，贵族空间是永恒的和相对自治的，是政治或者法律决策的结果。

虽然这两种空间是混合的，但二者对待世界和组织空间的差异是深刻的。我们如今探寻景观一词的早期用法时，感兴趣的是乡土景观（vernacular landscape）。现今人们开始将乡土一词与地方口语、地方艺术和装饰风格相联系，这种趋势使得我们能够用它来描述地方文化的其他方面。这个词源于拉丁语"verna"，意思是在主人房屋中出生的奴隶，在古典时代它的意思扩展到本地人，即生活局限于某个村庄或者庄园中，且从事日常工作的人。乡土文化（vernacular culture）意指一种遵守传统和习惯的生活方式，完全与更广大的政治和法律统治的世界隔离。在这种文化中，人们的身份、地位不是源于对土地的永久占有，而是来自从属的群体或者大家庭。

因而，我认为乡土景观可以这么定义：在这种景观中，政治 150 组织的空间痕迹很大程度不存在，或完全不存在。我在前文中已经提到政治景观的若干特征：边界的可视性和神圣性，纪念性建筑物和放射状道路的重要性，地位与围合的空间密切相关。我用政治一词形容景观，意味着设计一些空间和结构，用于推行或保护土地上的统一和秩序，或者用于维持一项长远的、大尺度的规划。在这一命题下我们应该增加一些现代特征，比如州际公路、水电大坝、机场和输电线路，无论我们是否喜欢。

乡土景观展现了一种界定和对待时间、空间的截然不同的方式。在美国西南部普韦布洛印第安社区存在着一系列特别纯粹的乡土景观，无论何时，任何一种都会让我们很费解，几乎不可能用惯用的欧美术语解读。中世纪景观也同样令人费解，尽管如此，几个世纪以来它逐渐获得了一些政治要素特征：城堡、庄园、御道和特许城市（chartered cities）。这些要素使得我们明确地看到中世纪景观的演变。然而，在这些永恒性政治力量的光芒之下，存在一种乡土景观——或者更确切地说是大量小型的、贫乏的乡土景观。那里，人们用传统的方式来组织和使用空间，生活在由传统习惯约束的社区中，依靠邻里关系结合在一起。我们通过研究地形的、技术的和社会的要素来了解他们，因为这些要素决定了他们的经济模式和生活方式。但从长远来看，我觉得任意一种乡土的或是非乡土的景观，都只能够在这样的前提下被完全理解：把景观视为空间的组织，探究这些空间的所有者和使用者，以及他们创造和改变空间的过程。通常，法律层面的探索能让我们更清晰地认识景观，尤其是对于农民或村民与其耕作的土地的关系。

"在整个封建时代，"马克·布洛赫（Marc Bloch）谈到，

> "很少有人谈到所有权，无论是庄园或者机关……所有权一词在地产方面几乎没有任何意义……这是因为，几乎所有的土地和人，在这个时期都背负着多种契约，但都有着同样的法律依据。没有一项契约体现了罗马法律所有权概念下的固定私有权应有的排他性。佃户世世代代在田地上用犁耕作，收获谷物；但他上交租税的直接领主，却可以在某些情况下收回田地；领主之上的贵族，一直沿着封建等级秩序往上——说不清有多少人，都有同样正当的理由说'那是我的土地！'"[1]

因而在这种乡土景观中，空间标示了人际关系，并且还以复

杂的方式，展现了社区内密切联系的、通常是相互冲突的传统：151
谁控制了最大数量的"废弃地空间"（waste spaces）。有人拥有
整个荒原或者沼泽那么辽阔的土地，其他人则仅仅占据路边或者
小巷的边缘。道路本身是不是一种废弃地呢？指定一种新用途，
空间就能改名换姓：一片土地种草后变成牧草地；荒地，被王室
优先占据，变成了有特定法规的皇家林地。英国法律史学家梅特
兰（Maitland），致力于弄清中世纪剑桥景观的法律涵义，提醒
我们这件事有着令人绝望的复杂性，并示意我们"想想那个授予
者（国王约翰）和他的王权，想想被授予者和他们复杂的利益，
想想田野里的狭长地块和零星的草地，城镇的公共绿地，和房前
屋后的中心地带……想想拼贴的封地，和地租的网络"[2]——从
这种混乱中我们能以某种方式演绎出一种条理清楚的空间模式。

　　当前我们将乡土景观当作一种类型来研究，从而得出：乡
土景观的空间通常很小，形状不规则，很容易受到用途、所有
权、规模迅速变化的影响；房屋，甚至村庄本身，不断扩大、缩
小、改变形态、改变位置；总是存在大量的公共用地，如荒地、
牧场、林地，在这些地区自然资源以零碎的方式被利用；其中的
道路主要是小道或小巷，从来无人维护，也很少是永久性的；最
后，乡土景观是分散的小村庄，是田野的集合，是人烟稀少的
海上的小岛，或者一代一代改变的废弃地，没有留下雄伟的纪念
物，只有废墟或者少量更新的迹象。

　　机动性和嬗变性是乡土景观的核心特征，但却是在无意识
的、不情愿的情况下发生的；不是浮躁不安和寻求改善的表现，
而是无休止地、耐心地适应环境。上述情况往往是出于使用者的

武断决定，但自然条件、无知、对地方风俗的盲目忠诚发挥了作用，还有，缺乏长远的目标，即缺乏未来的历史感。一个乡土景观，无论是美国西南部还是中世纪的欧洲，都是一种令人印象深刻的忠于传统习俗的展示，关于解决现实问题的无尽智慧。

与此同时，我们不能忽视上述景观中所谓的文化贫困，即缺乏任何有目的的连续性。它是神话和传说的景观，而不是史诗的景观。在文艺复兴时期甚至之后的时代，生活在欧洲乡土景观中的居民仍然对异教的神灵将信将疑，用异教的符号装饰他们的房屋，并遵守异教的仪式和节日。甚至历史人物，如查理曼大帝[①]或者巴巴罗萨[②]；历史事件，如十字军东征或者某个市镇的起源，都会被传为神话。他们居住在古老的村庄、荒废的城堡、庙宇废墟上兴建的教堂之类的景观中，他们能辨认的少数地标是圣泉、奇石和树木，他们理解的唯一的大事是：夜晚，奥丁神（Odin，北欧神话中的神灵）带着他的一群猎犬匆匆穿过树林的声音。一个没有政治历史痕迹的景观是缺少记忆或者深谋远虑的。在美国，我们倾向于认为，纪念物的价值是单纯的，即提醒我们记得自己的根源。它们比那些长远的、收藏目的的，有着目标、对象和原则的提示物更为宝贵。因此，即使是最不显眼的纪念物，也能给景观带来美丽和尊严，使集体保持鲜活的记忆。

让我们把早期的中世纪景观称为景观一。另外一种景观，于十五世纪晚期形成，并贯穿文艺复兴时代，称之为景观二。既然我们为之命名，就再让我们识别出景观三，即在当代美国的某些

---

① Charlemagne，732—814，法兰克国王，神圣罗马帝国的奠基人。——译者注
② Barbarossa，1155—1190，神圣罗马帝国皇帝。——译者注

方面我们能看到的。

我倾向于认为，景观三已经开始展现出景观一的某些特征，但是在我提出证据之前先谈谈景观二，它在很多方面都与景观一截然不同。实际上我们非常熟悉景观二。艺术家、建筑师和景观设计师花费了很多时间研究它，并在他们的职业工作中仿效它；我们所有写到它的人都到欧洲去直接观察它。所以我仅仅分析它与景观一的差异。它的乡村或城市的空间，被清晰地永恒地划定，并通过城墙、树篱、开敞的绿带或草坪使边界可视化。它们被设计得自给自足、有形和美丽。景观二非常注重可视性；这就是为何十七世纪景观被定义为"地表上的一片风景"。那时景观是一件艺术作品，是一种超级花园。与景观一将所有用途和空间混为一谈不同，景观二坚持空间的同质性和单一用途。它明确区分不同类型的景观：城市和乡村，森林和田野，公共和私人，富裕和贫穷，工作和休闲；比起中世纪犬牙交错的领土，它更偏好国家之间的线性边界。至于机动性和静止性的区别，它显然反对任何临时的、短暂的、可移动的事物。

但是景观二的本质特征是对场所（place）神圣性的崇拜。是场所，这一在社会学和地形学视角下的固定位置，给予我们身份认同。针对这个观念，空间的功能就是让我们可视化，使我们能扎下根来并成为社会的一员。景观一中的土地意味着成为工作群体的成员；它是人地关系的暂时性标志。在景观二中，土地意味着财富、永恒和权力。

景观二是在欧洲历史上的一个转折时期开始演变的，那时旧的典型的土地随意分割、权利和义务混乱的农场社区逐渐被废

153 弃，农场的个体所有和个体经营受到欢迎，包括私有财产、单一用途的永久田地和农场中央的农场主住宅。这个时期人们开始发现自然环境及气候、土壤和地形的差异，认识到农业的挑战在于确定恰当的土地利用方式。结果这一时期人们发现森林这种独特的环境，有着独特的经济和生态特征，值得保护和改善。

景观二的美和秩序毋庸讳言。直到今天，从美学角度来说，它仍是有史以来西方世界最成功的景观，是我们要创造令人愉悦和鼓舞人心的景观时总会试图模仿的对象。美国人有着欣赏它的特殊理由，即在美国，我们能看到新古典主义空间组织的杰出范例，最大且最令人印象深刻：我们的开国元勋们创立的全国性方格网系统，代表了创造古典政治景观的最后努力。而这种景观相信，方形和矩形的空间天生就是美丽的，因而适合用于创造一个公平的社会。无可否认，它的精致平淡无奇，景观相对单调，但是符合温克尔曼（Winckelmann）对古典式完美主义的定义：庄严的简洁和沉静的壮观。

我们喜爱十九世纪早期的美国景观，因为它易于看懂和解读。农场立于田野中央，清晰地展现了它的繁荣和舒适。每个教堂都有白色的尖塔，每个公共广场都有纪念碑，每片田地都有篱笆，每条直路都有终点。这是一种由矩形田地、绿色树林、白色房屋和红砖城镇构成的景观。就像一幅明白易懂的画：生动，构图精心，引起情感共鸣，令人心旷神怡。

但是这种景观并没有维持很久。几乎不到半个世纪，就有多种原因导致了它的迅速衰退：铁路的建设，西部更边远的土地的开拓，轻型木构架房屋和马拉农具的发明，东部制造业的增长，欧洲移民的大量涌入。所有上述发展都影响了景观二在美国的空间组织，使其在数十年内被逐渐淘汰。然而我不禁觉得，即使在最初，景观二也并非完全适合我们。它从来没有营造出杰弗逊和他的同事们梦想的政治活跃的农场社区，从来没有说服我们在某地扎根并驻留。方格网系统从未实现理想的古典民主社会秩序的蓝图，而仅仅是一种简单高效的分割土地和鼓励中西部地区移民的方式。我们最终必须面临的问题是，景观二是否属于"说英 154 语"的新大陆（我故意使用"说英语"一词，因为它的确在拉丁美洲扎根了）。

益格鲁—美利坚人（Anglo-American）的聚落可以被理解为景观一的一段迟来的插曲：在最后一波移民迁徙的浪潮中，他们纷纷离开衰落中的英格兰乡村景观。一旦在美国定居下来，占主导地位的年轻蓝领人群创造了一种殖民地形式的景观———但是缺少一个重要的传统要素：农场村庄（farm village）。新英格兰人试图建造它，伦敦当局试图在弗吉尼亚建造它，然而新的农业生产方式、新型的土地所有制和新的自由思想击败了每一次尝试。甚至到大革命之时，农场村庄的形式即使在新英格兰也变得过时了。早期殖民地遗留下来的乡土文化是它的机动性、适应性、对短暂性的偏好：临时性的小木屋，对环境的短暂利用，边疆和贸易点形成的临时社区。当景观二中的方格网系统——那是杰弗逊专为古典农场村庄铺就的——业已形成之时，这些景观毅然取而代之。

如果认为当代美国完全是上述乡土文化的产物，或者我们没有广大和丰富的景观，那就错了。我们的景观，不管城市还是乡村，都有稳定性、悠久的历史和既定的景观价值。我所关心的是，这两种景观并不总能意识到相互之间应如何相互支持，而景观三也未能实现两者之间的平衡。我不认为权势集团——政治的、学术的、艺术的——能意识到乡土要素的生命力和普遍意义。我也不认为，我们已经认识到同时拥有两种迥异的景观亚类的危险：一种致力于稳定性和场所，另一种致力于机动性。这恰是景观一的情况。我们的乡土景观有着空前的生命力和多样性，但是它与景观一有很多相似性，如脱离仪式空间、淡漠历史过程，本质上的实用主义以及不计后果地利用自然资源。我们不能说我们正在倒退到欧洲中世纪的黑暗时代，但是景观三和景观一的相似性基于一个重要前提：同样缺乏文艺复兴时期的人文传统。二者都不了解景观二及其代表的内涵。

在美国旅行的时候，我常常对一些新的空间和空间利用形式困惑不已，它们完全突破了传统景观：停车场、停机坪、购物中心、房车停放场、高层公寓、野生动物庇护所和迪士尼公园。我对空间的随意使用感到迷惑：教堂被当成迪斯科舞厅，住宅用作教堂，商业街用来慢跑，拥挤城市中出现未利用地，工厂建在原野上，公墓当作射箭场，足球场举办复活节日出仪式。我也被一些现代空间弄糊涂：建成一年后就被拆掉的免下车快餐厅，先种玉米再种大豆然后又再细分的田地；在度假期结束后消失的房车社区，购物中心里每季一换的热带花园；公路改线后废弃的汽车旅馆。由于我的年纪，我对这些新型空间的第一反应是非常气馁，它们不是我青年时期在景观二中所习惯的那些空间。但是我的第二反应，也是更宽容的（我希望是）反应，是所有这些都是我们文化的一部分，应该得到尊重，也给环境设计带来了新的挑战。

我希望未来景观设计行业能超越它目前的范围（由景观二所树立的范围），并参与创造整齐有序和美丽的机动性。这可能需要对土地用途和价值，以及影响其分配的政治、经济和文化力量的深刻理解。环境设计师应关注空间变化的发生。正是在土地利用和社区规划领域，训练有素的想象力、对环境和生境的意识才能发挥极大的价值。荷兰和以色列创造新的景观、新的郊野、新的农场、工厂和城市的方式可以作为成功的范例。环境设计不仅是简单地保护自然原貌，也是要创造新的自然和美。最后，问题落到以兼容乡土的机动性和社会政治秩序的稳定性来定义景观。

从自然环境的角度，我们都是景观二的孩子。从家长那里，我们不仅学到了如何研究身边的世界，也学到了如何大方地关心它，使它保持恒久的完美。是景观二教导我们，对自然的思考可以某种方式展现不可见的世界，以及我们自身。

但是，也是景观二给我们灌输了这样的理念：只能存在唯一类型的景观，一种与十分稳定的、保守的社会秩序相一致的景观；并且只能存在唯一真正的自然哲学，景观二的哲学。

关于爱和奇迹的最早的传统仍旧伴随着我们，甚至比过去更为强烈。是那些执着于过时的形式和传统的态度，威胁着一种真正平衡的景观三的出现。我们不再生活在乡村，我们不再耕作，我们不再从拥有土地中获得自我。就像景观一中的农夫，从更大尺度上来说，我们从与他人的关系中获得自我认同；当我们谈论到场所和渴望归属感的重要性时，在景观三中，场所意味着有人活动其中，而不仅仅是自然环境。由于政治和经济原因，景观

156　二极大地夸张了归属于一个社区的重要性。但是，其社区指农业社区，意味着土地所有者、雇主和工人之间紧密的等级关系。不是所有的申请人都被接收，成员身份的附加条件是严格和独断的；最终的接受是个缓慢的过程。在景观三中情况则相反，一个陌生人能很容易被吸收同化，一个新社区能迅速形成，这二者都是很特别的现象。可能这么说不太准确（一个开发商曾经对我说过），"居民依附于水暖系统"，意思是公用事业是任何居住区的基础。然而，事实是我们已经抛弃了过去的政治程序上的场所创建。如今，一个新社区的形成只需要数十个家庭，他们被某些基本公共服务吸引，而产生群居冲动。这正是我们如今在美国各地都能看到的景观：在偏僻的建筑工地、游乐场、房车营地、非法移民和移民工的棚户区，都有可能出现我们所谓的乡土社区。这些社区脱离政治人物，没有规划，由非正式的本地风俗约束，通常体现了对某个不宜居场地的巧妙适应和材料的临时借用，通常使用不超过一两年，跟大部分社区一样运行良好。如果得到适当的设计和服务，它们能得到改善并延续更长的时间。如果得到政治景观的认可，它们就能获得尊严。然而给这些社区真正的认同并不需要太多投入：一个能带来回忆的提示物，一个永恒的象征物指示它们也同样拥有历史。

　　对景观三的这一方面给予更多关注的理由是，这些新社区将迟早成为小尺度景观的核心。因为一直以来，景观都是这样形成的；不仅受地形和政治决策影响，还受土生土长的空间组织和发展模式的影响，满足本地社区的需要，如就业、休闲、社交、亲近自然和外部世界。无论以什么形式，这些是所有景观最终服务的目标，也是它们成为景观的原始理念的某种版本的原因。

我对景观定义的研究将我带回到古老的盎格鲁—撒克逊的涵义：景观不是风景，不是一个政治单元；它只不过是地表上人造空间的集合和系统。无论其形态和规模如何，它从来不仅仅是自然空间或自然环境的一部分；它永远是人造的、综合的，容易遭受偶然的或者无法预见的变化的影响。我们创造它们，需要它们，是因为每一个景观都是我们建立人类自身时间和空间组织的场所。在景观之中，生长、成熟和衰败的缓慢自然过程被故意搁置一旁，而用历史进程来替代。在景观之中，我们能加快、减缓或者转变宇宙的宏观过程，推行人类的计划。"通过征服自然，"伊利亚德写道，"人类可以成为自然的对手，而避免成为时间的 157 奴隶……科学和工业宣告，如果能用智慧成功地解开自然的秘密，人类可以比自然更好和更快地实现目标"[3]。

当我们在农业景观中看到，美国人如何成功地将自己创造的节律强加于自然之上，改变动植物的生命周期甚至颠倒季节时，我们开始意识到扮演了一个多么危险的角色。因而有很多人认为，景观三的救赎依赖于我们放弃这改变时间循环的权力，回归更自然的秩序。但是新的时间秩序应该不仅影响到自然，也影响到我们自身。它向我们预示着一种新的历史，一种新的、更有责任感的社会秩序，最后，是新的景观。

注　释

景观词义解读

1. Kenneth Clark, *Landscape into Painting* (New York, 1950) , p. 140.
2. H. L. Gray, *English Field Systems* (Cambridge, 1915) , p. 19.

两种理想景观

1. Fustel de Coulanges, *The Ancient City* (New York, 1956) , pp. 62ff.
2. Thucydides, *The History of the Peloponnesian War* 1. 139.
3. Arnold Toynbee, *A Study of History*, vol. 5 (Oxford, 1939) , p. 594.
4. R. E. Wycherley, *How the Greeks Built Cities* (New York, 1969) , p. 72.
5. Aristotle, *Politics* 7. 11.
6. Venturi, Learning from Las Vegas (New York, 1976) , p. 6.
7. Jean-pierre Vernant, *My the et pense chez les Grecs* (Paris, 1965) , p. 154.
8. W. H. Whyte, "Small Space is Beautiful" , *Technology Review* (July 1982) .
9. John Bradford, *Ancient Landscapes: Studies in Field Archaeology* (London, 1957) , p. 156.
10. Ferdinando Castagnoli, *Orthogonal Town Planning in Antiquity* (Cambridge, 1971) , p. 73.
11. Ibid., p. 121.
12. Plato, *Laws* 5. 9.
13. Aristotle, *Politics* 4. 6.
14. Ibid., 6. 4.
15. John Ruskin, *Modern Painters*, vol. 3, pp. 234ff.
16. John Fraser Hart, *The Look of the Land* (Englewood Cliffs, N. J., 1975) , p. 77.
17. Normal J. G. Pounds, *A Historical Geography of Europe* (Cambridge, England, 1972) , p. 57.
18. Oswald Spengler, *The Decline of the West*, vol. 1 (New York, 1939) , p. 176.
19. Wycherley, *How the Greeks Built Cities*, p. 42.

20. Plato, *Laws* 6.
21. Arnim von Gerkan, "Grenzen und Grössen der vierzehn regionen Roms", 1949.
22. William Ernest Hocking, "A Philosophy of Life for the American Farmer (and others)", *Yearbook of Agriculture* 1940, p. 1640.
23. H. Cavailles, *La Route Francaise* (Paris, 1935), p. 119.
24. Hamilton A. Tyler, *Pueblo Gods and Myths* (Norman, Okla., 1964), p. 105.
25. Mircea Eliade, "La Terre-mere et les Hierogamies cosmiques", *Eranos Jahrbuch* (1953).
26. Gladys A. Reichard, *Navaho Religion* (Princeton, 1963), p. 49.
27. Ferdinand Tönnies, *Community and Society*, ed. C. P. Loomis (East Lansing, 1957), p. 71.
28. Jacob Grimm, *Detsche rechtalterthümmer*, vol. 2 (Göttingen, 1828), p. 8.
29. Georges Duby, *L' economie rurale et la vie des campagnes*, vol. 1 (Paris, 1962).
30. Richard Krebner, "The Settlement and Colonization of Europe", *The Cambridge Economic History*, vol, 1 (1942), p. 20.
31. H. C. Darby, ed., *A New Historical Geography of England* (Cambridge, 1973), p. 55.
32. A. Schwappach, *Handbuch der Forst und Jagdgeschichte*, vol. 1 (Leipzig, 1888), p. 40.
33. H. P. R, Finberg, ed., *The Agrarian History of England and Wales*, vol. 1, pt. 2 (London, 1972), p. 406.
34. Marc Bloch, *Feudal Society*, trans. L. A. Manyon, vol. 1 (Chicago, 1961), p. 6.
35. Fernand Braudel, *The Structures of Everyday life* (New York, 1981), p. 276.
36. Ruskin, *Modern Painters*, vol. 3, p. 246.
37. Ruth Benedict, *Patterns of Culture* (New York, 1938), pp. 116ff.
38. Jacob Grimm, *Teutonic Mythology*, vol. 2, trans. James S. Stallybrass (1883; repr. New York, 1966), p. 517.

乡村的新成分：小镇

1. E. T. Price, "The Central Courthouse Square", *The Geographical Review* (January 1968).
2. Clifton Johnson, *Highways and Byways of the South* (New York, 1904), pp. 76ff.

可移动房屋及其起源

1. Simone Roux, *La Maison dans Phistoire* (Paris, 1976), p. 171.
2. Alan Gowans, *Images of American Living* (Philadelphia, 1964), pp. 3ff.
3. Philip Alexander Bruce, *Economic History of Virginia in the Seventeenth Century*, Vol. 2 (New York, 1895), p. 543.

4. Thomas Jefferson, *Notes on the State of Virginia* (London, 1787) , p. 145.
5. Dianne Tebbetts, "Traditional Houses of Independence County, Arkansas" , *Pioneer America* 10 (1978) .
6. George A. Stokes, "Lumbering and Western Louisiana Cultural Landscape" , Geography Review (September 1957) .

石材及其替代品

1. *The Apocryphal New Testament*, trans. M. R. James (Oxford, 1923) , pp. 364ff.
2. Mircea Eliade, *The Forge and the Crucible* (New York, 1962) , p. 171.
3. W. R. Lethaby, *Architecture, Mysticism, and Myth* (1891; repr. New York, 1975) , p. 5.
4. Eliade, *The Forge and the Crucible*, pp. 43ff.
5. Gaston Bachelard, *La Terre et les Reveries de La Volonte* (Paris, 1948) , pp. 240, 258.
6. Peter Fingesten, *The Eclipse of Symbolism* (Columbia, S. C., 1970) , p. 75.
7. Hans Sedlmayr, *Die Enstehung der Kathedrale* (Zurich, 1950) , p. 84.

工艺风格和科技风格

1. Faber Birren, *Color in Your World* (New York, 1962) , p. 59.

公园的起源

1. F. A. Waugh, *Garden and Forest*, no. 373 (April, 1895) , p. 152.

新田园视野

1. Walter Ebeling, *The Fruited Plain* (Berkeley, 1979) , p. 253.

结语：三种景观

1. Bloch, *Feudal Society*, Vol. 1, p. 116.
2. F. W. Maitland, *Township and Borough* (Cambridge, 1898) , p. 81.
3. Eliade, *The Forge and the Crucible*, p. 169.

索　引

（数字为原书页码，在本书中为边码）